U0163065

3

哎呀，竟然就这样灭绝了

超有趣的灭绝动物图鉴

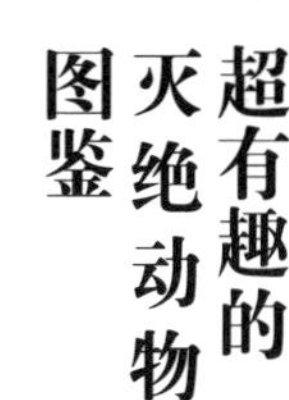

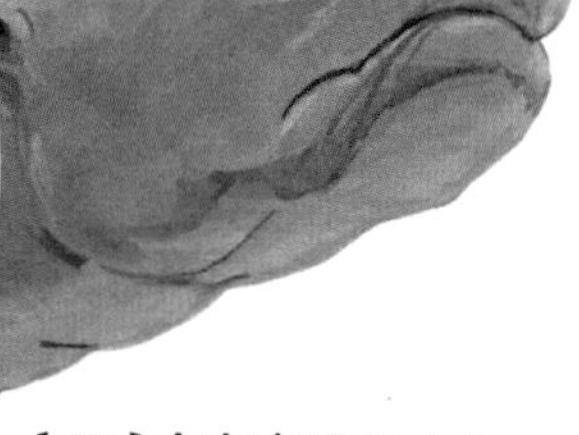

［日］今泉忠明◉主编

［日］丸山贵史◉著

［日］佐藤真规 植竹阳子 日高直人 岩崎美津树 伊豆见香苗 茄子味噌炒◉绘

李建云◉译

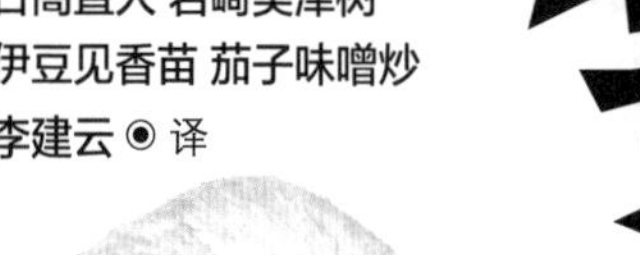

北京联合出版公司
Beijing United Publishing Co.,Ltd.

大约 40 亿年前，生命诞生，
从那时起一直到现在，
地球上发生了各种各样的灭绝事件。
在这本书里，就让我们把目光投向“今天”。

也是一直到了近些年，
我们人类对于地球、自然和生物，
才终于渐渐有所了解：

· 生物一直在重复灭绝和演化的过程；
· 人类也是在这个过程中实现了演化；
· 地球上存在着大约 190 万种生物。

同时，科学家们也注意到，
生物正在不断地减少，
于是他们开始思考，人类也属于生物，
如果没有了其他生物，
那么人类也许同样无法继续在地球上居住。

是的，今天的我们，

正处在地球的自然环境即将被破坏殆尽的关键时刻。

为什么会走到这一步呢？

为了帮助我们思考这个“为什么”，

在这本书里，

各种生物站在各自不同的立场进行了“现身说法”。

它们有的已经灭绝；

有的起先被认为已经灭绝，后来又被发现还在悄无声息地活着；

还有的非但没有灭绝，反而一派欣欣向荣……

所以我认为，我们还必须学习

更多有关大自然构造的知识。

今泉忠明

地球的历史是灭绝的历史

46亿年前　地球诞生

起点　地球的历史

所谓“灭绝”，
指的是该种类的生物，
一个不剩地
从这个世上消失。

自从地球诞生以来，
曾经有过不计其数的
生物诞生，
然后灭绝。

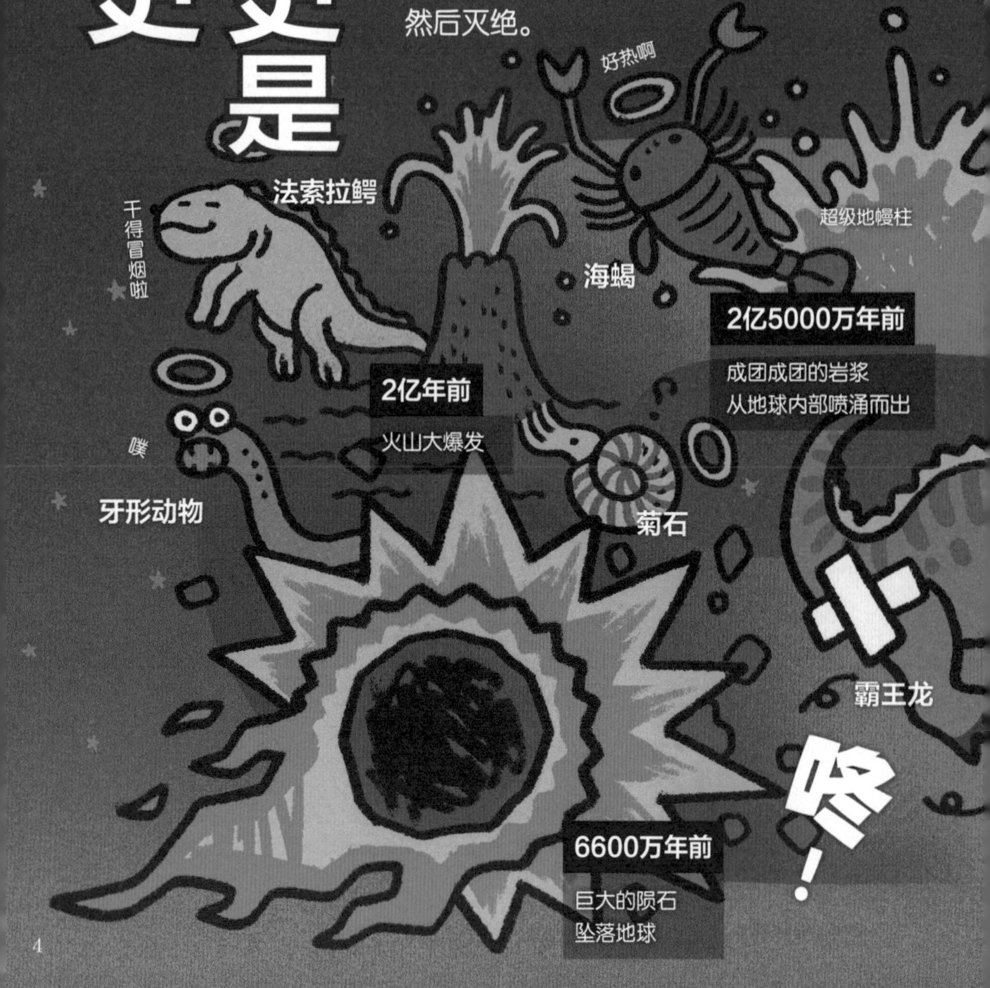

古细菌
氧气受不了
狄更逊水母
被吃掉了

20亿～18亿年前

海洋中充满了氧气，
并且开始逃逸到空气中

我盯……

5亿4000万年前

拥有眼睛的动物登场

奇虾

笔石
遭伽马射线暴辐射！

4亿4000万年前

强烈的紫外线
突如其来，劈头盖脸

3亿7000万年前

海洋中
没有了氧气

喘不上气来！
邓氏鱼

好冷啊
副巨犀
好冷啊
树叶没了

2300万年前

地球干旱化，
森林变草原

无齿翼龙

每当环境发生变化，之前繁盛的生物就会灭亡，接着又会有全新的生物完成演化，并且实现繁盛。就在反反复复的灭绝与演化的过程中，地球成为了一颗丰饶的星球，上面栖息着多种多样的生物。

有一天

又一轮灭绝过后，“某种拥有奇怪特征的生物”出现在了地球上。
这究竟是什么样的一种生物呢？

这可了不得！

地球眼看就要成为人类独属的星球！

说到人类的特征，那就是
拥有极其高强的“改变环境的能力”。
人类发挥出这种能力，投入漫长的时间，
把地球改造成了“适宜人类居住的星球”。
人类虽然实现了繁盛，
却改变了其他生物“适宜栖息的环境”，
开始导致其他生物的灭绝。
就因为这个原因，今天的地球，
正在慢慢变成人类独属的星球。

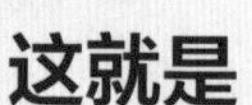

这就是

人类

无疑！

极简 人类繁盛史

大约700万年前，森林减少，人类被赶到了草原上，为了能够看清楚远方，也为了能够使自己显得又高又大……

站起来了！

直立行走后，沉重的头部开始由脊梁骨来支撑，人类的脑容量从此变大了。
也就是说……

变得聪明啦！

人类发挥心灵手巧的长处，开始按照自己的需要来“改变环境”。制造各种各样符合人类需求的东西……

利用地球的资源……
居住的地域比地球上的无论哪种生物都更广更大，

而且最终成为最能导致其他生物灭亡的物种。

但人类依旧无法战胜地球

无法应对气候变化

持续排出二氧化碳及甲烷等
“温室效应气体”……

地球上的气温升高，南极大陆等地的冰川融化，
最终导致岛屿沉没也不是没有可能。

遭遇未知病毒或细菌

开凿山体、砍伐森林，
扩张人类的居住地……

有可能感染新型病原性病毒或细菌。
又因为人类的密集生活和频繁移动，
一旦遇上传染性强的病毒或细菌，
疾病一下子就能扩散开来。

人类获得改变环境的能力，
并不意味着就能天下无敌。
过度改变环境或者过度使用资源的后果，
也可能导致全球规模的重大问题的产生，
那样一来，人类终究是无法承担的。

地球资源枯竭

像现在的日本一样，
全世界的人平均每天使用
200 L 以上的水……

过度使用石油及煤炭等
化石燃料……

由于人类的人口不断增加，
水资源出现不足。

很快用完，
便利的生活
无法继续。

就像前面说的那样，人类有可能遭到来自地球的、意想不到的“报复”。而且，也许还会连累其他生物，把它们也卷进这场报复里来。为了不让地球变成对大家来说都不适宜居住的星球，很重要的一点，就是不要过度改变环境，同时实现和其他生物长久的“共存”。

还有一点，完全怪不得人类的大灾难也会发生。
在地球看来，人类也只不过是许许多多的生物中的一种罢了。

顶多也就一种，可就是这一种，启动灭绝进程

物种灭绝
连锁反应想象小剧场
栖息在森林里、专吃其他生物的、可怕的狼群灭绝了。
悔恨
太好啦

在地球上，仅仅是人们已经知道的生物，
就有 190 万种之多。
因此，也许你会想，
就算其中的一种灭绝了，
也不会有多大的影响。

可是，所有的生物，
在活着的时候，
彼此之间都存在着错综复杂的联系。
哪怕只有一种生物消失了，
也有可能会使环境发生翻天覆地的变化。

鹿群狂吃，植物骤减。渐渐地，地面裸露出来，变得干旱，甚至干裂。

反过来说，
防止一种生物的灭绝，
也许就能够守护
许许多多的生物，
并且保护它们周围的环境。

可见，在地球上，
每一种生物的存在
都有着出人意料的重要性。

知识储备将成为我们的武器

事实上，人类除了“改变环境的能力”以外，
还拥有另外一项独特的能力。

那就是“记录”的能力。
对于迄今为止发生的灭绝事件，
人类都尽可能做了记录，
并让积累下来的知识代代相传。

所以，生活在今天这个时代的我们，
要比过去的人们知道的更多，
也能够进行更加周密的思考。

遗憾的是，
已经灭绝的生物不会复活。
不过，只要了解了它们灭绝的原因，
然后多想一想为什么变成这样，
我们就一定能够从中得到启发，
从而减少新的灭绝事件发生。

所以说，
知识储备就是改变未来的武器。

目录

一厢情愿觉得好，灭绝 1

始料不及的灭绝 2

3 蛮不讲理的人为灭绝

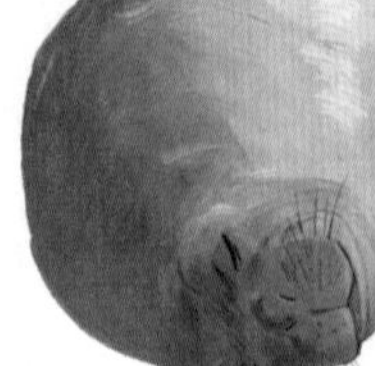

五花八门话濒危 4

以为已经灭绝……不承想 幸存至今 5

五花八门话 繁盛 6

好吃
好吃
好吃
好吃
好吃
好吃

本书别具一格的快乐阅读法

这本书，无论谁看，什么时候看，从哪一页开始看，都没关系。
只请你专心倾听书中讲述的各种生物的灭绝原因。

顺便问个问题：各位可知道“数据”好玩在哪里？
事实上，这本书里就收录了多种形式的数据。
感兴趣的话，以这页为参考，
来体会一下数据的妙趣也不错哦！

我们人类所生活的“现在”属于新生代。新生代划分为三个“纪”，这三个“纪”又细分为七个“世”。这部分信息比较繁杂，所以没有在“生存年代”一栏内具体标注，不过事先有个了解，对获取更加准确的灭绝信息还是有帮助的。

❶基本数据

包括生物的实际形态、体形大小（不同生物运用不同的测量方法）及栖息地等。这些数据既可以让我们知晓“原来它们吃的是这样的东西”或者“它们过去住的地方看起来挺冷的啊”之类的信息，从而帮助我们深入了解该生物，还可以拿来同其他生物进行比较。

❷解说

详细介绍了生物的生态（即生存状态）和灭绝的原因。结合基本数据，我们也许可以比较容易地想象出它们活着时的模样。

❸生存年代

这些数据让我们对该生物的生存年代一目了然，即它们是什么时候出现、什么时候灭绝的。有的生物繁衍生息了相当长一段时期，也有的眨眼间就灭亡了。

那么，请开始你的快乐阅读之旅吧！

一厢情愿觉得好，灭绝

演化实在是太难了。

一门心思追求更好，

好不容易才获得想要的武器或体貌特征，

结果有时候偏偏事与愿违。

这叫什么事嘛！这回真没辙了！

一天到晚
只知道
啃骨头，
灭绝
体形大小和亚洲黑熊差不多
嘎嘣……嘎嘣……嘎嘣……
上犬

这是……没错，就是奇角鹿的尸体……真没想到，能在这样的地方有幸看到……侥幸……这是何等侥幸……

嘎嘣……嘎嘣……嘎嘣……

嗯——**这骨头很有咬头嘞……这里面的骨髓很美味嘞……**让人直呼“罪过”！

你说吃尸体没出息？错！**就算那些很难捕获的庞然大物，只要成了尸体，就再也逃不掉了……**换句话说！尸体是最好的食物……**嘎嘣……嘎嘣……嘎嘣……**

通过吃尸体，通过啃骨吸髓，我终于获得了**不输给剑齿虎**※**的、绝对性的力量！**

我还想着，这个巨大的身躯既然已经超过 100 kg，那就可以凭借它夺得……北美洲的王座！

想得正美呢，然而等等！**最近，那些庞然大物的尸体正在急剧减少！**再这样下去……难道要饿死？**难道就只有死路一条，嗷！**

※ 这里指短剑剑齿虎。

马后炮

把一切押在尸体上……后悔得我捶胸顿足！

灭绝时间	新近纪（中新世末期）
物种分类	哺乳类
体形大小	体长 1.5 m
栖息地	北美洲
食物	动物尸体

上犬是犬科成员，下颌强健有力，甚至能够咬碎猎物的骨头，它们实现了类似于鬣狗的演化。在当时的北美洲，栖息着大量骆驼科及象科的大型食草兽，上犬似乎就是通过摄食这些食草兽的尸体慢慢实现了大型化。然而，也正是由于实现了大型化，身为犬科的它们却并不擅长奔跑，也正是因为这样，当中新世末期大型食草兽的数量减少，没有捕猎能力的上犬就因为食物不足而灭绝了。

前寒武纪 | 古生代：寒武纪 奥陶纪 志留纪 泥盆纪 石炭纪 二叠纪 | 中生代：三叠纪 侏罗纪 白垩纪 | 新生代：古近纪 新近纪 第四纪

刺的保养太费劲，灭绝

这刺到底还是感觉有些吓人？其实也没什么了不起的……你能听我解释解释吗？！

是这样……（嗯哼）**“您在我背上所看到的，正是我们祖上一代代传承下来的 14 根体刺。这些体刺，起初只是像瘊子那样的小东西，万万没想到，在我们遭到敌人追赶的时候，它们竟然很偶然地派上了用场！于是后来，这些体刺越长越长，长到现在，哪个粗鲁无礼的家伙敢咬我，这些体刺就能扑哧扑哧扎破它的嘴，把它赶跑。换句话说，这些体刺成了我肉体的守护神。谢天谢地，谢天谢地！”**

呼……**嗯，这段话我已经说了无数遍，说得嘴皮子都快磨破了。**因为我就想有人听我说嘛！

我跟你说，这几根刺保养起来可费劲了。**它们不但特别碍事，还妨碍我走路。**可是又不能把它们给扔了，不是吗？怎么说也是守护神嘛！所以只能拿它来充充门面啰！

……什么，你这就要走了吗？

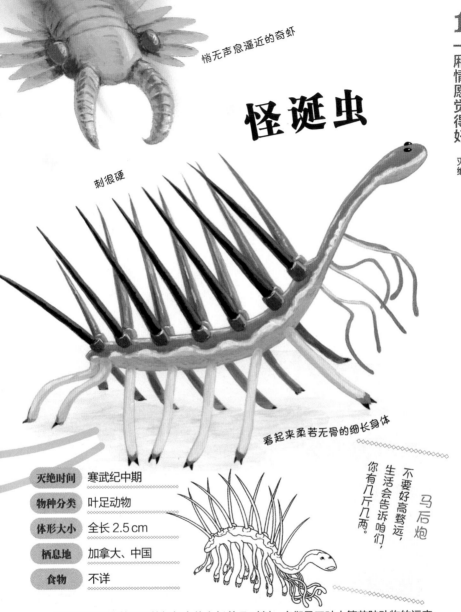

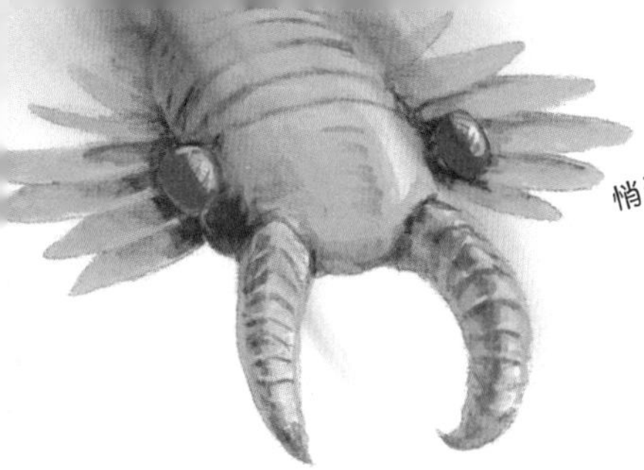

悄无声息逼近的奇虾

怪诞虫

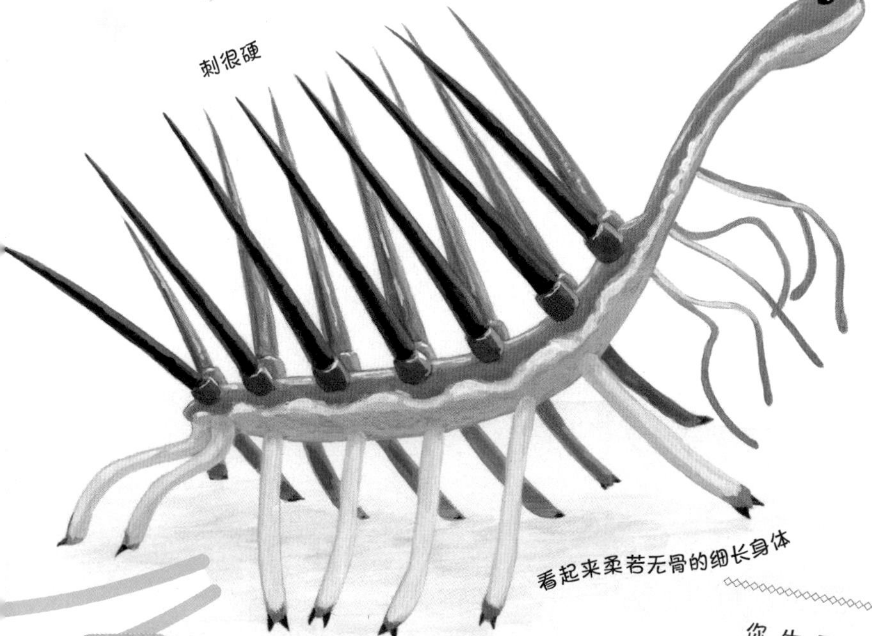

刺很硬

看起来柔若无骨的细长身体

马后炮

不要好高骛远，生活会告诉咱们，你有几斤几两。

灭绝时间	寒武纪中期
物种分类	叶足动物
体形大小	全长 2.5 cm
栖息地	加拿大、中国
食物	不详

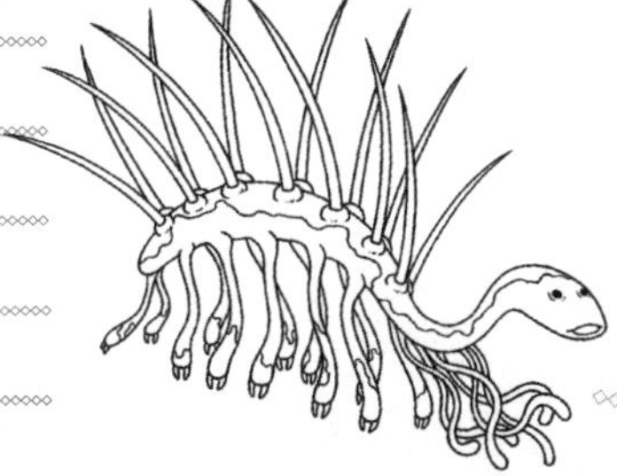

怪诞虫显得柔若无骨的细长身体上长着 7 对刺，它们是三叶虫等节肢动物的远亲。三叶虫凭借“使身体表面整体变坚硬的战略”，获得了大大的成功，但怪诞虫选择的却好像是“仅使体刺变坚硬的战略”。它们的体刺有助于保护身体，但是，长得越长，生长和保养的负担就越重。结果，也许就因为生活的性价比越来越低，赶不上捕猎者的演化，于是灭绝了。

不顾后，为猎物顾前

从来也没想过还要考虑什么后果——

恐狼

我盯……

灰狼

灭绝

美洲乳齿象

第4届

北美洲之王
猎物争夺战

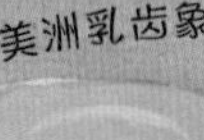

★ 各位，比赛终于接近尾声了。此刻，面对猎物展开激烈争斗、一决雌雄的，是两头野兽！**它们是：夸耀一身蛮力、鲁莽冒进的恐狼，与素来沉稳、拥有冷静判断力的灰狼！**

◉ 这样看来，今天无论是谁胜出都丝毫不值得大惊小怪。

★ 哦？！**猎物陷进了沼泽中！**这可是千载难逢的好机会！

◉ 机会来了！这个时候，谁率先猛扑过去，谁就赢了！

★ 双方并排来到沼泽前！率先跳下去的是……恐狼！再看灰狼……它仍在观察，并不急着出动！

◉ 这个时候，果断的好处就显现出来了！双方胜负立见分晓！

★ 你听，恐狼发出了胜利的吼叫！它以非常喜悦的表情紧紧咬住猎物……怎么回事？**沼泽泥泞不堪，恐狼动弹不得！怎、怎么可能！令人难以置信的一幕出现了，恐狼同猎物一起沉了下去！**

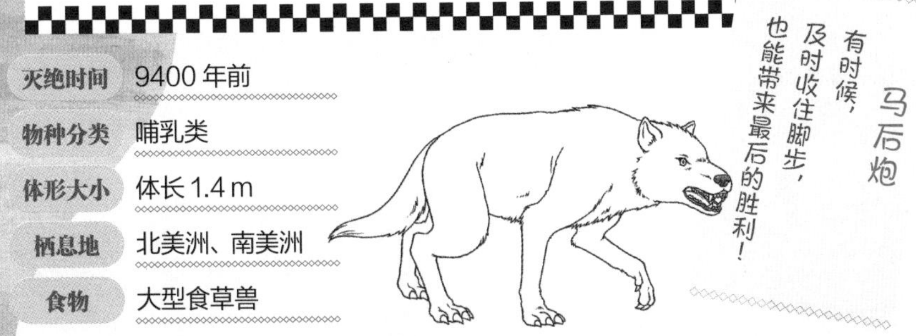
马后炮
有时候，
及时收住脚步，
也能带来最后的胜利！

灭绝时间	9400 年前
物种分类	哺乳类
体形大小	体长 1.4 m
栖息地	北美洲、南美洲
食物	大型食草兽

与今天的灰狼相比，恐狼体形更大，肌肉更发达，体重也更重。它们似乎没有什么警惕性，经常能从满是天然沥青的沼泽里发现它们的化石，可以认为这就是它们飞扑向陷入沼泽的猎物，最终和猎物一起沉底的结果。在还有大量动作迟钝的大型食草兽生存的时代，恐狼凭借“不顾一切发起冲锋的方式”收获了成功，但当大型猎物减少时，这种做法变得对它们不利，它们也就灭绝了。

前寒武纪	古生代						中生代			新生代		
	寒武纪	奥陶纪	志留纪	泥盆纪	石炭纪	二叠纪	三叠纪	侏罗纪	白垩纪	古近纪	新近纪	第四纪

右边这颗牙疯长，灭绝

姑娘，你好！你可是被我的牙齿看呆了？如果说要来形容一下我此时此刻的心情，大概就好比……“担心下午会下雨，就带了雨伞出来，结果一整天晴空万里，回家的路上还是一滴雨没下”，没错，就是这种感觉。**嗯，简单来说，就是这牙齿极其碍事。**

你问我为什么只有右边的这颗牙向后生长了1m长？怎么说呢，打个比方，人类当中也有一些男人，他们也只有下巴上长胡子，不是吗？**那对生存来说完**

海牛鲸

全没有意义。我的牙齿也是一样的道理："想要吸引雌性。"就是这么简单。

怎么说呢，这颗长牙齿害得我们游也游不快倒是事实。还害得我们容易被那种叫巨齿鲨的大鲨鱼吃掉。**可是呢，想要时尚，就免不了需要忍耐。**这就跟那些就算不喝也非得端着珍珠奶茶在街头闲逛的年轻人是一样的。因为，就算不需要了，也舍不得扔掉啊！

马后炮

什么所谓异性的目光，如果不去在乎它，没准能活得更加自在吧！

灭绝时间	新近纪（上新世后期）
物种分类	哺乳类
体形大小	全长 2.5 m
栖息地	秘鲁
食物	双壳贝

海牛鲸属于齿鲸类，它右侧的前齿朝着身体后方生长，长得很长。这颗牙齿似乎只有雄鲸才有，所以大概是用来吸引雌鲸的。应该就是这颗牙让它们很难控制左右的平衡，以至于游得很慢，但因为它们是通过吸食海底的双壳贝里的肉来获取食物的，所以也许没有必要游得太快。但是，当巨齿鲨等大型捕猎者出现以后，游得慢很有可能就给它们招来了灾祸，导致它们最终灭绝。

板齿犀

执着于吃草，灭绝

我叫板齿犀，**别看我身体巨大，但我只吃草，是一名草原守旧主义者。**

草非常好，想吃的时候，轻而易举地就能吃到。食肉兽还要追着猎物跑，我们根本没这个必要，因为草不会逃跑，这一点很重要。

我的身体只对吃草感兴趣。我的嘴唇柔软，薅起草来很方便；我的后槽牙又厚又硬，就是为了把草磨得粉碎而准备的。有时候嘴里偶尔进了沙子，也会让牙齿磨损，那也没问题，我的牙齿很长，一辈子不愁没牙齿。

可是，最近地球上太冷了，过去那么茂盛的草都从我眼前消失了，已经只看得见苔藓了。危机状态出现了。

别的犀牛转移到了南方，听说开始改吃树叶了，但是这怎么可能？哪怕被人嘲笑说“轻易吃不到草了，还死都要吃草”，今天我也依旧坚持吃草。

灭绝时间	39000 年前
物种分类	哺乳类
体形大小	肩高 2 m
栖息地	欧亚大陆
食物	草

马后炮

说到底，摄取食物时，保持营养均衡很重要？

板齿犀拥有最长的角，是体形最大的犀牛。一般认为它的角有 2 m 长，但至今没有发现角的化石。犀牛的角就好比一捆毛，很难变成化石，因此，人们根据头骨上承载角的“角座”尺寸来推测角的长度。在冰期，广袤的草原让板齿犀仅仅依靠啃食硬草就能维持生命，但当草原的面积随着气候的变化而缩小时，它们可能就因为无法摄食其他植物而灭绝了。

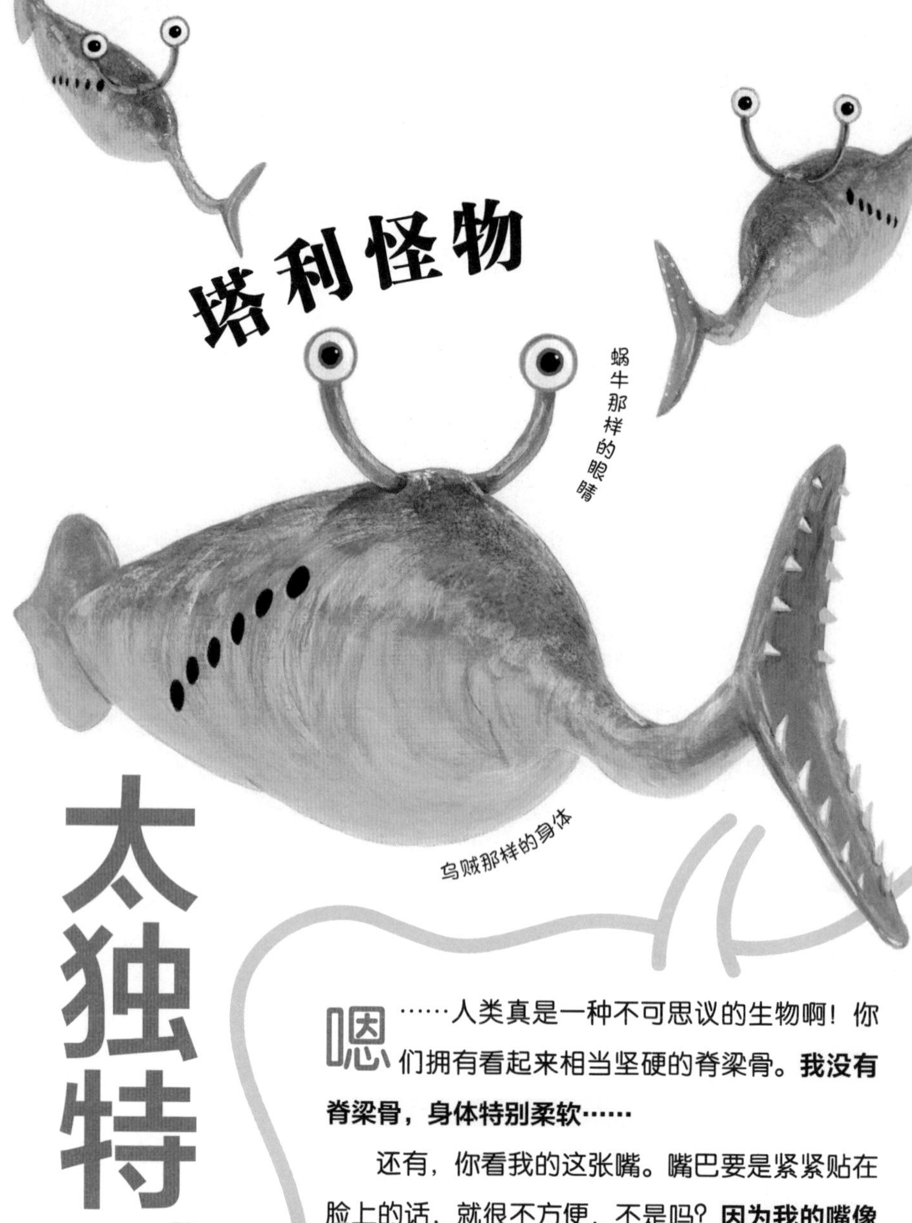

太独特，灭绝

嗯……人类真是一种不可思议的生物啊！你们拥有看起来相当坚硬的脊梁骨。**我没有脊梁骨，身体特别柔软……**

还有，你看我的这张嘴。嘴巴要是紧紧贴在脸上的话，就很不方便，不是吗？**因为我的嘴像抓娃娃机的机械臂一样往外伸展，所以我能轻松地捕捉到鱼。**

眼睛也是。你瞧，像这样凸出来的话，就能

看见很大一片范围。你再看看你这张脸，零部件的配置会不会太平面化了？

理解不了啊……按照一般的想法，像我这样的长相才是最佳长相吧？不对吗？

什么？其他海域没有像我这样的生物？你先说说，什么叫其他海域？大海不就是指这个叫作“马宗克里克”的地方吗？没错，我还是头一回听说有什么“其他海域”。

在这一带，我算是传说中最强的大佬，难道都是错觉？

灭绝时间	石炭纪末期
物种分类	未确认
体形大小	全长 35 cm
栖息地	美洲
食物	鱼等

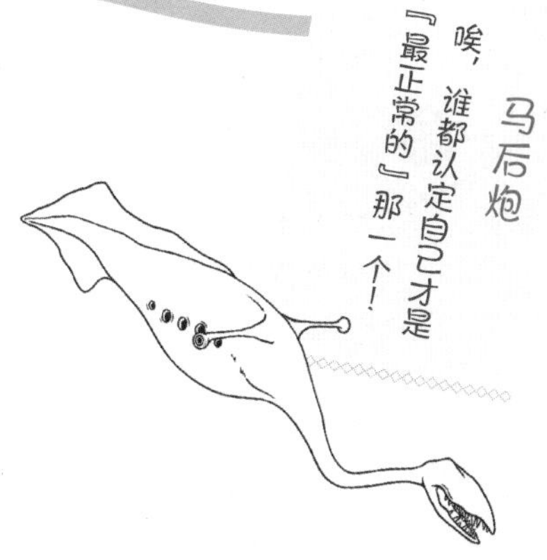

马后炮
唉，谁都认定自己才是『最正常的』那一个！

我在看着你哟！

塔利怪物是美洲石炭纪末期地层“马宗克里克”中最大的捕猎者。尽管有说法认为，它们近似于软体动物中的龙骨螺，或者脊椎动物中的八目鳗，但是，人们一直没有发现和它们体貌特征相似的生物，所以至今无法了解这个塔利怪物的真面目。它们实现了太过独特的演化，结果很偶然地在马宗克里克地层收获了成功，但估计没能在别的环境中发挥实力，于是随着环境的变化而灭绝了。

前寒武纪	古生代						中生代			新生代		
	寒武纪	奥陶纪	志留纪	泥盆纪	石炭纪	二叠纪	三叠纪	侏罗纪	白垩纪	古近纪	新近纪	第四纪

脖颈
赤裸裸，
灭绝
酷炫颈盾！
回头想想，要是搭配酷炫颈盾的话……
辽宁角龙
颈盾
鹦鹉嘴龙

唉！这算怎么回事嘛！**竟然在脖子上戴了个小小的褶边，还说是颈盾！** 这姑娘是辽宁角龙家的那个闺女吧？难不成就是小太妹一个？

再说了，戴上什么颈盾，脑袋不就变沉了嘛！这样一来，双足行走就会越来越吃力，将来眼看着就得变成四足行走了嘛！**我们鹦鹉嘴龙家族就是通过甩掉多余的累赘才大获成功的嘛！** 甚至把前蹄的爪子都减少到了 4 根嘛！

“有了颈盾，就能保护脖颈，免得这个要害部位遭到食肉恐龙的撕咬？”话是这样说没错，可对于我们植食性恐龙来说，四处奔逃才是最佳策略！ 依靠颈盾来进行防御，怕是瞎子点灯——白费蜡吧！哦呵呵呵！

什么？三角龙是何方神圣嘛！嗯……看起来确、确实挺强悍的嘛……没、没有，我可没有羡慕它嘛！

早知道就对流行时尚敏感一点了嘛！

马后炮

灭绝时间	白垩纪前期
物种分类	爬行类
体形大小	全长 1.8 m
栖息地	亚洲
食物	植物

三角龙等角龙，由于覆盖颈部的颈盾发达，导致头部分量变重，于是前肢的 5 根蹄趾拄地，开始四足行走，并在这过程中实现了大型化。但是，鹦鹉嘴龙并不具备角龙的特征，它们没有颈盾，前肢减少为四趾。它们曾经通过舍弃身上多余的累赘而收获成功，一时之间迎来了大大的繁盛，但另一方面，这恐怕也成为了让演化道路变窄的原因，所以它们才没有留下子孙。

前寒武纪 | 古生代：寒武纪 奥陶纪 志留纪 泥盆纪 石炭纪 二叠纪 | 中生代：三叠纪 侏罗纪 白垩纪 | 新生代：古近纪 新近纪 第四纪

雌鲨镰姐
镰鳍鲨
内侧糙糙拉拉的↑
把手状
背鳍碍手碍脚，灭绝
雄鲨鳍弟

♠ 镰、镰姐！我、我能占用你一点时间吗？！

♡ 鳍弟，你这气势汹汹的是想干什么？别拿眼睛直勾勾盯着我看！

♠ 不是，我不是故意的，我是天生眼神凶恶……重、重要的是，镰姐！你请看！看看我的背鳍！

♡ **什么呀，那个把手一样的东西？**你是想让我来握握看？

♠ 你误会了！我让背鳍长长了，证明我已经是一条成年的雄鲨了！

♡ 啊？鳍弟，你可别随心所欲地去改造背鳍呀！你这样很容易被抓住的。不过不关我的事。

♠ **我……我就是为了能让姐姐回过头来看我一眼，才让背鳍长长的！**请、请跟我交往吧！

♡ 不行，没可能。

♠ 你、你这拒绝得也太干脆了点吧？！我明明听前辈说过的，它说雌鲨统统喜欢这种样式的背鳍……

♡ 嗯……怎么说呢……你不嫌碍事吗，你那把手？

马后炮

前辈也曾经告诫过我，它说：『太迁就雌鲨也不好。』

灭绝时间	石炭纪中期
物种分类	软骨鱼类
体形大小	全长 25 cm
栖息地	美洲
食物	浮游生物

软骨鱼类会进行交配，这在鱼类当中是非常罕见的。软骨鱼类中的银鲛在交配时，雄鲛会利用额头粗糙不平的突起抓住雌鲛的身体，所以雄性镰鳍鲨的背鳍有可能也是起类似的作用。不过，它们的背鳍之所以长到这种程度，大概是因为越长越受雌鲨欢迎的缘故。但结果也许是，雄鲨的身体因此变得很难维持生存，应对环境变化的能力因此变弱，所以整个物种也就慢慢灭绝了。

前寒武纪 | 古生代：寒武纪 奥陶纪 志留纪 泥盆纪 石炭纪 二叠纪 | 中生代：三叠纪 侏罗纪 白垩纪 | 新生代：古近纪 新近纪 第四纪

错过草原热，灭绝

上新马走在演化的最前沿

安琪马

马蹄的形态一目了然

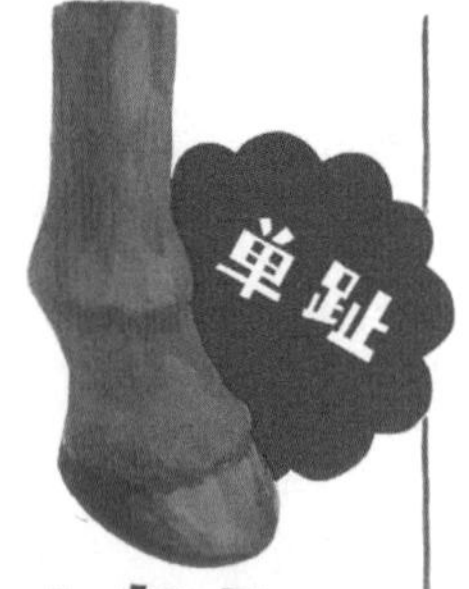

上新马

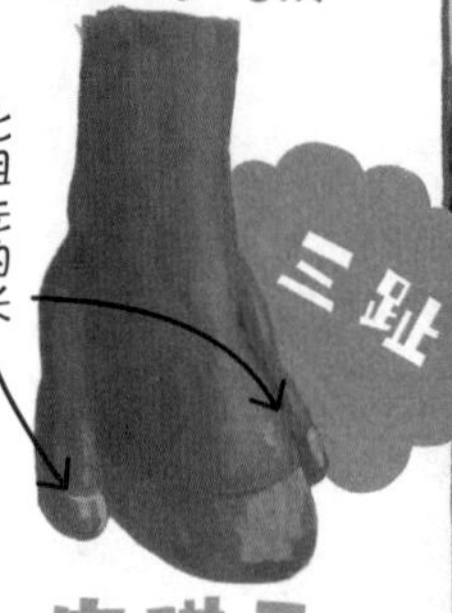

安琪马

听我说，最近因为森林减少，有些家伙立马就跑到草原去了，对它们，我想奉劝它们干脆放弃“马”这个身份算了，因为实在不配。显而易见，你们这些家伙很快都要成为食肉兽的养分。

这几百万年来，地球确实越来越干旱。可是别忘了，区区 100 万年，不过等于地球历史的四千六百分之一罢了。这还没怎么样呢，就把全副精力投入到适用于草原的演化方向上去，格局这么小，目光这么短浅，能成什么大事？

别忘了，一旦让身体变大，就很容易被食肉兽发现！还有，它们还说什么减少蹄趾数能减小摩擦力，奔跑起来更轻快。（笑）**别忘了，就算跑得更快了，脚下不稳就是唬人。（笑）**

总之，走着瞧，用不了多久，森林的面积将会再次扩大，所以，我现在偏要坚持“在森林生活”。这就是逆时代而动的专业人士的制胜模式，明白吗？

灭绝时间	新近纪（中新世后期）
物种分类	哺乳类
体形大小	肩高 70 cm
栖息地	美洲西部
食物	树叶

马后炮
没想到草原热一直热度不减（汗）。

马科化石十分丰富，让我们可以根据化石追溯从五趾的始新马（在森林里生活，体形大小同柴犬），到单趾的现代马的演化过程。因此，人们总认为马科的演化是一条路顺到底的，殊不知，也有许多分支没有留下子孙就灭绝了。安琪马的祖先也曾经踏足草原，后来重新返回了森林。但是它们失策了，由于大趋势是森林减少，草原扩大，栖息地缩小，所以它们最终还是走向灭绝。

前寒武纪	古生代						中生代			新生代		
	寒武纪	奥陶纪	志留纪	泥盆纪	石炭纪	二叠纪	三叠纪	侏罗纪	白垩纪	古近纪	新近纪	第四纪

拍脑袋决定巨大化，灭绝

截至本月底，我们利兹鱼宣告灭绝。
你问失败的原因？也许是快速的巨大化导致的。

只因为浮游生物“畅吃管够”。只需张开嘴巴往前游，浮游生物们就会自觉主动地扑到嘴里来。

而且，在这之前，还没有哪种大鱼是以过滤的方式摄食浮游生物的，所以我们只管尽情地大吃特吃，身体也因此日益庞大。

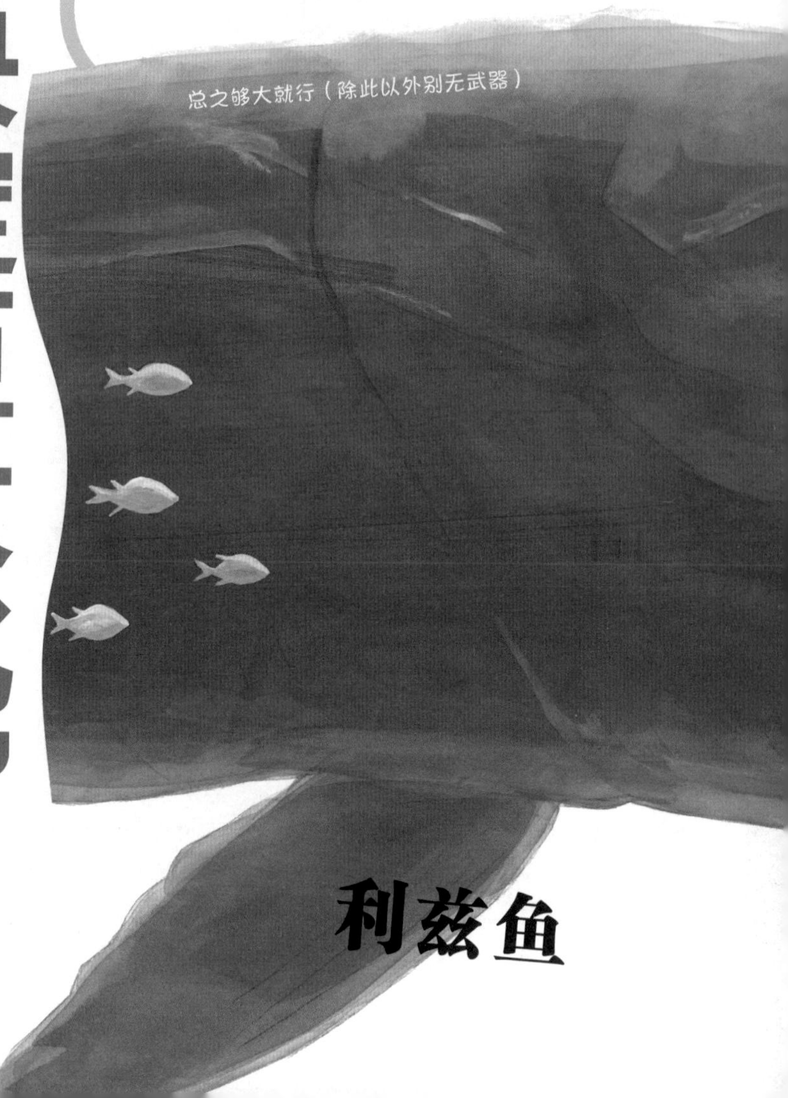

总之够大就行（除此以外别无武器）

利兹鱼

对敌对势力进行调查？这方面没有考虑过。**因为只要实现了巨大化，就能横行无敌。**我们的牙齿太小，无法当作武器，我们也无法快速游动，所以就想，只要身体足够庞大，那么一切就不成问题。

然而最近，大型食肉爬行类出现了，叫什么海鳄的那种短脖子长颈龙，它们一来，就毫不客气地追着我们大吃特吃。**有一天自己反而变成了“被畅吃管够”，世事当真不可预料啊！**

马后炮
成功不代表可以放松，还应该考虑下一步怎么走。
灭绝时间 侏罗纪后期
物种分类 硬骨鱼类
体形大小 全长 16 m
栖息地 欧洲、南美洲
食物 浮游生物
啊～～呜

利兹鱼是史上最大的硬骨鱼类，全长达 16 m，体重达 40 t，比勒氏皇带鱼长，比翻车鲀重，体形大小可以与鲸鲨相匹敌。它们之所以能够巨型化到这种程度，大概是因为没有天敌跟它们抢着滤食浮游生物。但是，到了侏罗纪后期，长着大嘴巴的肉食性海生爬行类增多，利兹鱼只有体形庞大这一点优势，所以很有可能就被轻轻松松狩猎殆尽了。

一味追求简洁，灭绝

《棘鱼类 2.0》 棘刺鲉 著

★★☆☆☆ 评论数 134

演化的制胜法门，就在于"舍弃"二字！

棘鱼类中的棘刺鲉朝气蓬勃，锐意进取，它出现于石炭纪，目前正在全世界的河流里扩张栖息地。

在本书中，棘刺鲉首次倾情讲述它实现逆袭的方法。

■ 食物不要咀嚼，直接吞咽。

——牙齿不要了，直接滤食浮游生物——

■ 再也不需要体刺。

——体刺的根数削减得越少，游起泳来速度就越快——

我们的出路就在于简洁，我们的未来要在简洁中求丰富！

⌄点击阅读全文

鱼应该追求

棘刺鲉

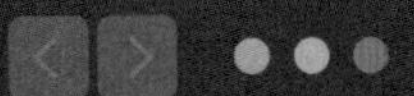

排名靠前的批判性评论

ZTMT03

★☆☆☆☆ **书中的方法过时了！**

我还在想，最近怎么没见这位作者出来了，没想到它已经灭绝了。从石炭纪后面的一个时代（二叠纪）开始，和现代一样，“硬骨鱼类”实现了大大的繁盛。书中讲述的方法太陈旧，对于现在这个时代的生活没有帮助。

15 人认为有用

马后炮

有些时代潮流，是你无力抵抗的。

简洁至上。

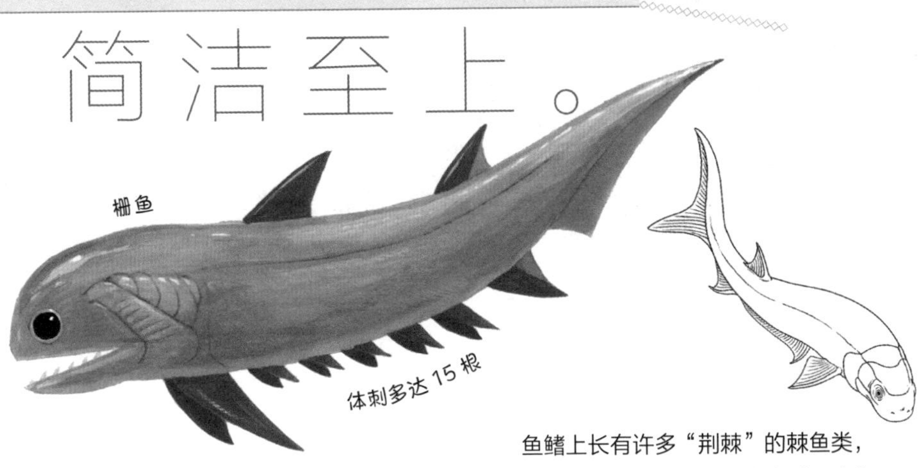

灭绝时间	二叠纪前期
物种分类	棘鱼类
体形大小	全长 30 cm
栖息地	北美洲、欧洲、非洲、澳大利亚
食物	浮游生物

鱼鳍上长有许多“荆棘”的棘鱼类，是鱼类中最早获得下颌的一个类群。它们虽然曾经以河流与湖泊为中心实现了繁盛，但却逐渐落后于时代，慢慢衰落了下去。在这期间，棘刺鲉减少了最具特征性的体刺，甚至舍弃了牙齿，演化出在快速游动中摄食浮游生物的能力。凭借着这项能力，它们再次迎来了短暂的繁盛期，但结果似乎还是因为硬骨鱼类的兴起而灭绝了。

前寒武纪	古生代						中生代			新生代		
	寒武纪	奥陶纪	志留纪	泥盆纪	石炭纪	二叠纪	三叠纪	侏罗纪	白垩纪	古近纪	新近纪	第四纪

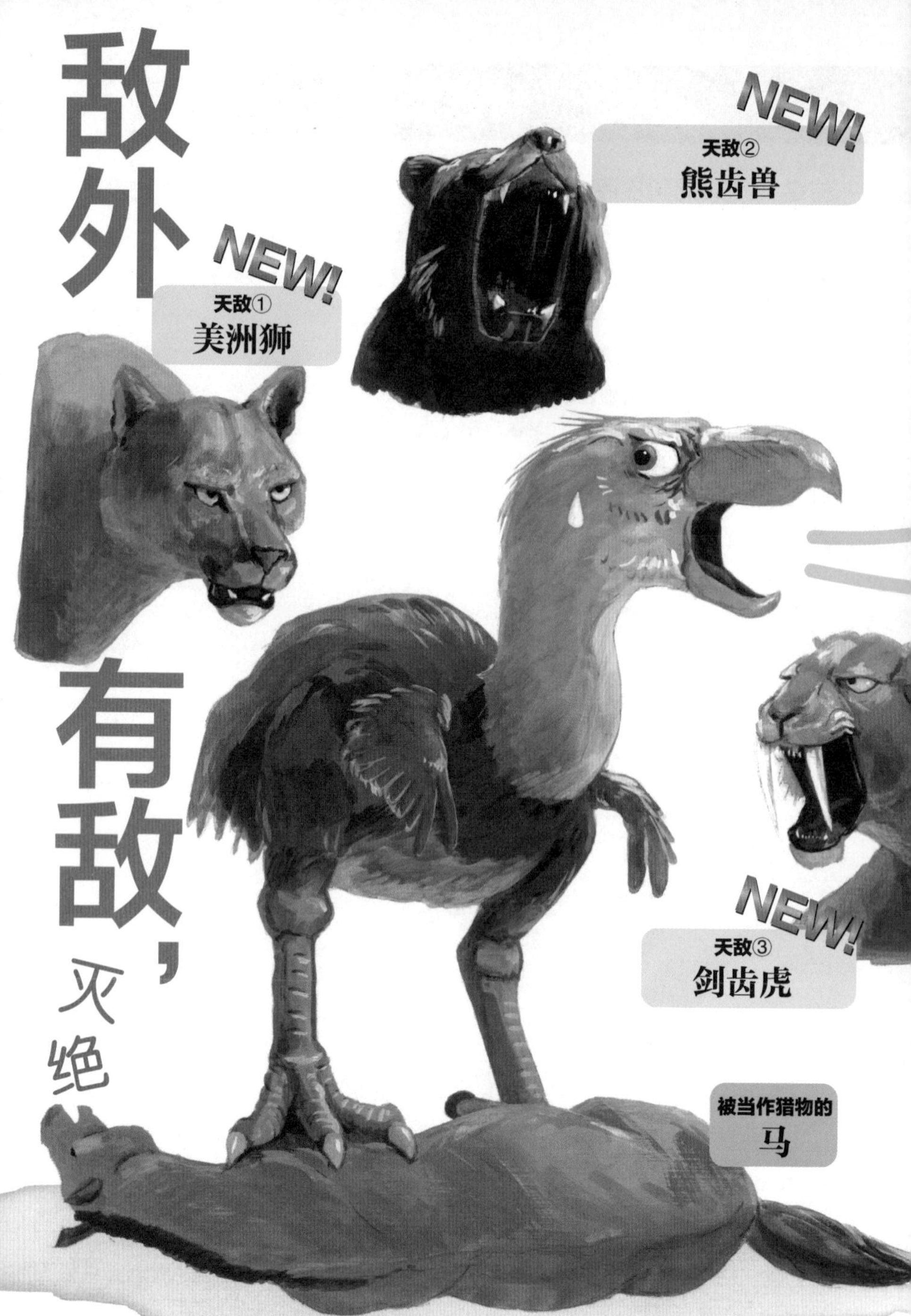
敌外有敌，灭绝
NEW!
天敌①
美洲狮
NEW!
天敌②
熊齿兽
NEW!
天敌③
剑齿虎
被当作猎物的
马

泰坦鸟

马 唉……我输了！

泰坦鸟 呼！你以为我就是只大鸟吗？敢瞧不起大姐我，你的好运就算走到头了。

马 你……你是何方神圣？

泰 大姐我就是来自南美洲的泰坦鸟。**大姐我是南美洲的顶级掠食者，也是“恐鸟类”的最新典范！**

马 恐、恐鸟类……这么说来……

泰 没错，大姐我的祖先是恐龙，而且是跟霸王龙一样的兽脚类哦！**大姐我可是舍弃了鸟类的飞行能力，再次获得了恐龙那样的身体哦！**

马 咳……咳咳咳，笑死我了。

泰 有……有什么好笑的？

马 **你的身体虽然庞大，可是你既没有尖锐的獠牙，前肢也没有利爪，不是吗？**这样的话，在这个“大型食肉兽”满地走的北美洲，你是活不下去的！

泰 大、大型食肉兽？

马 不信看看你背后……天敌们大驾光临啦！

泰 这些家伙……看着好凶猛！

马后炮

战斗的时候，应该慎重选择对手与战场。

灭绝时间	第四纪（更新世前期）
物种分类	鸟类
体形大小	立高 2.5 m
栖息地	北美洲
食物	食草兽

恐龙一灭绝，就出现了“恐鸟类”。在这种鸟身上好像出现了返祖现象，出现了它们的祖先兽脚类恐龙的影子。它们前肢羸（léi）弱，加上没有牙齿，食肉兽完成演化后，它们无法同食肉兽一较高下，于是灭亡。但是在少有天敌的南美洲，恐鸟类作为捕食者生存了下来。尤其是泰坦鸟，它们一直存续到新生代的第四纪，好像也曾经进入北美洲，但最终因不敌熊科及猫科动物而灭绝。

活化石全球汇报演出 第1幕

噢！我们，活着的化石！

~明明活着，却被叫作化石~

鳄雀鳝

獾㹢狓

银杏

日本大鲵

让我们歌唱 歌唱今天的生命
多么欢喜 我们活化石
地球历史的活证人

有些家伙 环境变化 考验面前败下阵来
它们灭绝

有些家伙 狂奔 演化 展现全新形态
它们幸存

我们活化石 自成一派 依然逍遥自在
时光悠悠流过 我们从容走过
形貌几乎从来不曾更改

啊啊 偶尔还是会想起
想起那个时代 家族成员遍布全世界
今天活动范围有限 如此狭窄 感慨

啊啊 还是常常神伤
那么多亲戚消失 为什么
今天又为何只剩可怜的几支

究竟能活到几时
末日 唯有神明知

噢！ 后生晚辈
请你给我一点兴趣一些关注
我们是活生生的化石

2 始料不及的灭绝

通向幸存的道路步步维艰，

环境总在变化，天敌蠢蠢欲动，

前途吉凶莫测，

不知道什么东西就能让我灭亡。

还请苍天千万千万饶过我！

超声波发不出，灭绝

哇！痛死我啦！**我也真是够笨的！到底要让头往树上撞多少回才能长记性啊？！**讨厌死啦！

哦哟？！我看到你了，背后那个可恶的小丫头，食指伊神蝠！喂！那只虫子是我先追的！！不许你抢食！！

啲……**我可是世界上第一批会飞的蝙蝠的后裔！**没想到竟然在同那个丫头的较量中一直处于下风（气死人）。虽说我也觉得避开群鸟闹闹哄哄飞舞的白天，

爪蝠

改在夜间活动这个主意绝妙至极。

哼！没道理！为什么偏偏让能够发射那种超声波的丫头演化出来？**太狡猾了，把超声波发射到周围的物体上，然后听着反弹回来的声音随时改变飞行的速度与方向，这样在黑暗中飞行也能避免撞得满头包。**

在黑夜中只能依靠眼睛的话，就算是达到极限了，一定要突破！我也要发射什么超声波，喷射什么火焰！

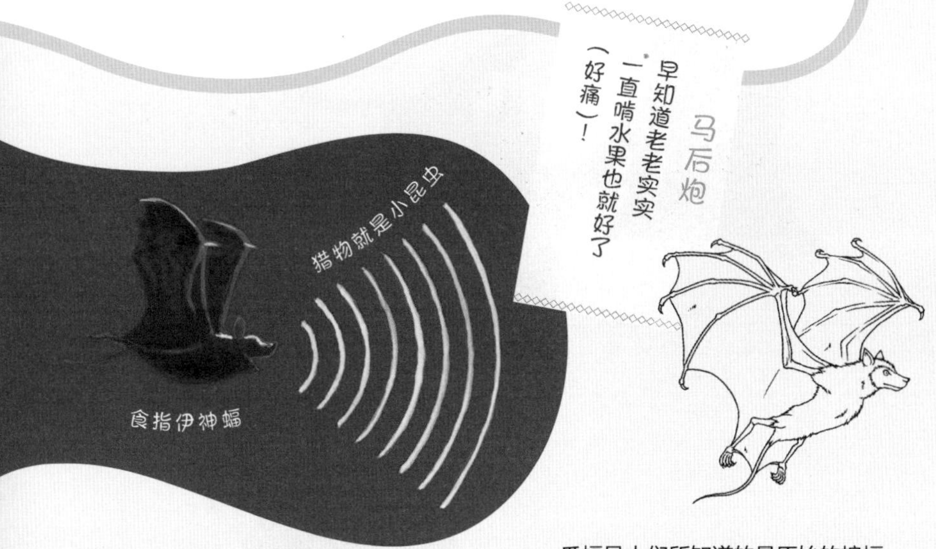
马后炮
早知道老老实实
一直啃水果也就好了
（好痛）！
猎物就是小昆虫
食指伊神蝠

灭绝时间	古近纪（始新世前期）
物种分类	哺乳类
体形大小	体长 10 cm
栖息地	北美洲
食物	昆虫

爪蝠是人们所知道的最原始的蝙蝠。它们虽然是夜行性，但似乎并不具备利用超声波探查周围环境的能力。而在同一个时代，食指伊神蝠也已经出现了，它们就能够利用超声波进行狩猎。在黑暗中边飞边捕捉小昆虫，是依靠眼睛的狩猎方式很难办到的。因此，当越来越多的蝙蝠演化出利用超声波搜寻并捕捉昆虫的本领之后，爪蝠可能也就灭绝了。

前寒武纪 | 古生代：寒武纪 奥陶纪 志留纪 泥盆纪 石炭纪 二叠纪 | 中生代：三叠纪 侏罗纪 白垩纪 | 新生代：古近纪 新近纪 第四纪

咱要开吃了哇——嗯?！前！前进不了哇！！难道有人紧紧捆住了咱?！

怎么可能！**是咱的后腿被树卡住了哇！**你说这都已经第几回了？你要咱事先好好规划路线?

啊！不行的，那样根本抓不到猎物的哇。蜥蜴、小小的哺乳类，还有恐龙的幼崽……**咱的这些猎物全都灵活得很哇！**它们可是会躲到岩石缝里去的哇。虽

【**蛇足**】比喻有了也没有用处的、多余的东西，没有必要添加的东西。（这个词语源自中国的一个故事，传说在一次画蛇比赛中，最先画完的那个人多此一举地给蛇添上了脚，于是就输了。）

蛇生双足，灭绝

狡蛇

说咱的下颌骨搭载了新功能，不但能上下动，而且能左右扩展，可要是抓不到猎物，不就等于空怀屠龙之技，英雄无用武之地了哇？

唉！咱希望你也能了解一下，咱每天扭着长长的躯体到处追赶猎物有多辛苦哇！再说咱这后腿又帮不上忙哇！**倒不如说，蛇就要有个蛇的样子，没有后腿反而畅行无阻！**这后腿真是拖累了咱的生活哇！名副其实的拖后腿哇！你懂的。喂！你咋不笑哇？

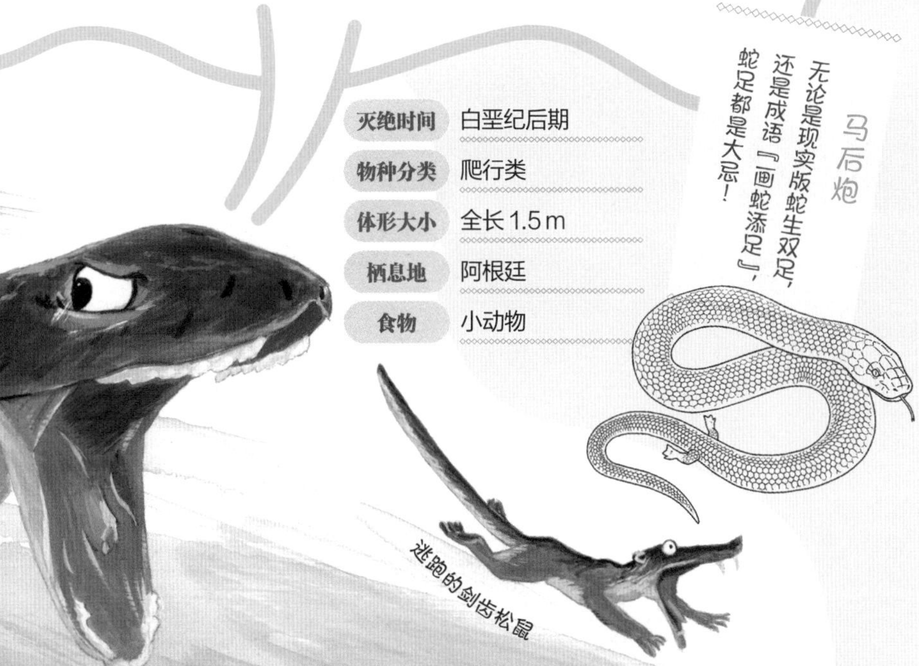
马后炮
无论是现实版蛇生双足，还是成语『画蛇添足』，蛇足都是大忌！
逃跑的剑齿松鼠

灭绝时间	白垩纪后期
物种分类	爬行类
体形大小	全长 1.5 m
栖息地	阿根廷
食物	小动物

蛇是侏罗纪时期从蜥蜴演化而来的，当它们适应了“在海水中游泳的水中生活”或者“在落叶下到处爬行的地面生活”以后，脚就慢慢退化了。狡蛇虽然已经是白垩纪后期的蛇，却还是长着两条后腿。这小小的后腿恐怕在交尾等时候能够派上用场。但是从结果来看，没有脚，对蛇来说更加有利于行动，所以，长着多余的“蛇足”的演化分支全部灭绝了。

不会垒堤坝，灭绝

下面是“灭绝乐章休止符”时间。今天，让我们连线正在北美洲举办的“河狸王锦标赛”的赛场。喂，现场的绝子小姐？

“各位观众，大家好！我现在来到的是美洲河狸生活的河边，这条河是它们的家。各位请看！**河狸们正在用牙齿咬断树木，运到河里修建堤坝！**通过堤坝拦截河水形成坝湖后，既方便它们收集食物，又可以保护它们免遭食肉兽的捕杀。”

勤勤恳恳
齐心协力垒堤坝！
忙着搬运木材
美洲河狸
闪耀吧
河狸王
锦标赛选手

是吗，原来是这样！好，接下来让我们再来看看另一个赛场，看看灭子小姐那边情况到底如何。

"大家好，我所在的是巨河狸的赛场。正如您所看到的，由于连日来干旱不雨，造成河水干涸，河床干裂！"

那么堤坝呢？这里没有吗？

"它们没有垒坝的习性，只能眼巴巴看着河水干涸，干着急。"

是吗，明白了，谢谢两位的现场报道！

巨河狸

傻眼了
马后炮
正所谓有备无患。
平时就应该
把水储备起来！

灭绝时间	第四纪（更新世末期）
物种分类	哺乳类
体形大小	体长 1.5 m
栖息地	北美洲
食物	草、树皮、小树枝

巨河狸是地球整体变冷的冰河时代的大型河狸。庞大的躯体虽然有利于保持体温，但当冰期结束，气候变暖时，体重就很有可能成为不利因素。河狸擅长游泳，相应地也就不擅长在陆地上行走，可想而知，身体笨重的巨河狸应该是更加不擅长走路。而且，它们又似乎没有垒坝的习性，所以当气候的变化导致河流干涸时，它们肯定也就一下子灭亡了。

前寒武纪	古生代						中生代			新生代		
	寒武纪	奥陶纪	志留纪	泥盆纪	石炭纪	二叠纪	三叠纪	侏罗纪	白垩纪	古近纪	新近纪	第四纪

遭伽马射线暴辐射，灭绝
因为化石很像刻在岩石上的文字，所以被命名为『笔石』
天外来祸
笔石

啊噗！啊——我、我快不行了……临终前……我、我要把刚刚发生的事情一五一十地讲出来！

给予我致命一击的，绝对不是什么地震或者火山爆发之类不值一提的东西，而是伽马射线暴。

源头不在地球，而是在地球外面！在相隔好几光年远的宇宙中，一颗超级巨大的恒星死亡了。也就是所谓的“超新星爆发”。**就在这个时候，一种叫作“伽马射线”的、实在要命的放射线就被大量释放出来了！**

要问有多要命……你可听好了！**伽马射线暴轰击地球只需要 10 秒钟，就能破坏掉覆盖在地球上空的一半臭氧层。**

托、托它的“福”，大量的紫外线就从宇宙毫无遮挡地尽情射向地球表面。这些紫外线会把你体内的细胞撕得粉碎，所以生活在浅海的生物基本上全都灭绝了！

马后炮

也许你要说不明白我在说些什么，但事情是千真万确的！

灭绝时间	奥陶纪末期基本灭绝 ※ 全部灭绝是在石炭纪前期
物种分类	笔石类
体形大小	群体长几厘米至几十厘米
栖息地	全球海域
食物	浮游生物

笔石就像珊瑚一样，是由许多个体聚集在一起“拧成一股绳”的“群居动物”。它们曾经在浅海繁盛一时，到了奥陶纪末期却几乎灭绝。有一种说法认为，原因就在于“伽马射线暴”。受到银河系内发生的超新星爆发的影响，地球的臭氧层遭到破坏，在浅海生活的笔石因暴露在强烈的紫外线下而灭绝。事实上，深海的笔石当时的确就逃过了灭绝的厄运。

输给豚鼠，灭绝

猎物？

敌人？

好可怕

No.1 食肉有袋类
南美袋犬

天敌

巨型豚鼠小团体

闪兽

吃

植物

时间，中新世。

雷兽家族从 4000 万年前延续至今，这一代出了一位千金，名叫“闪兽”。闪兽小姐就读于一所空前绝后的千金小姐学校——南美学园，她在学校里过着平静的每一天。

当时的南美洲大陆与北美洲并不相连，更像是一座独立的岛屿。正因为四周大海环绕，所以其他大陆的学生进不了南美学园！

在这样一个缺少竞争对手的、安逸的环境中，闪兽小姐的身体日益庞大！尽管偶尔险些被食肉系的南美袋犬吃掉，她还是随心所欲地尽情摄入植物。

然而，这样的幸福生活，有一天却突然宣告终结。

因为，2000 万年前不知道从哪里转学过来的豚鼠家的子孙，不知不觉间实现了大型化，并且针对闪兽小姐发表了《天敌宣言》！

闪兽小姐实在过于迟钝，面对数量一点一点逐渐增多的巨型豚鼠，她无计可施，败下阵来……

灭绝时间	新近纪（中新世中期）
物种分类	哺乳类
体形大小	体长 2.7 m
栖息地	南美洲
食物	树叶、水草

马后炮

不应该在安逸的环境中麻痹大意，应该坚持磨砺自己。

雷兽类是新生代初期在南美洲演化完成的大型食草兽类群。其中体形最庞大的似乎当数中新世初期出现的闪兽，闪兽的摄食方式是利用长长的獠牙把植物连根刨起。它们的体形特征是躯体长、腿偏细，所以动作想必十分迟钝。因此，当同样属于草食性的豚鼠科实现巨型化以后，闪兽很有可能在大型食草兽的地位争夺战中落败，于是走向灭绝。

前寒武纪	古生代						中生代			新生代		
	寒武纪	奥陶纪	志留纪	泥盆纪	石炭纪	二叠纪	三叠纪	侏罗纪	白垩纪	古近纪	新近纪	第四纪

太爱摆谱，灭绝

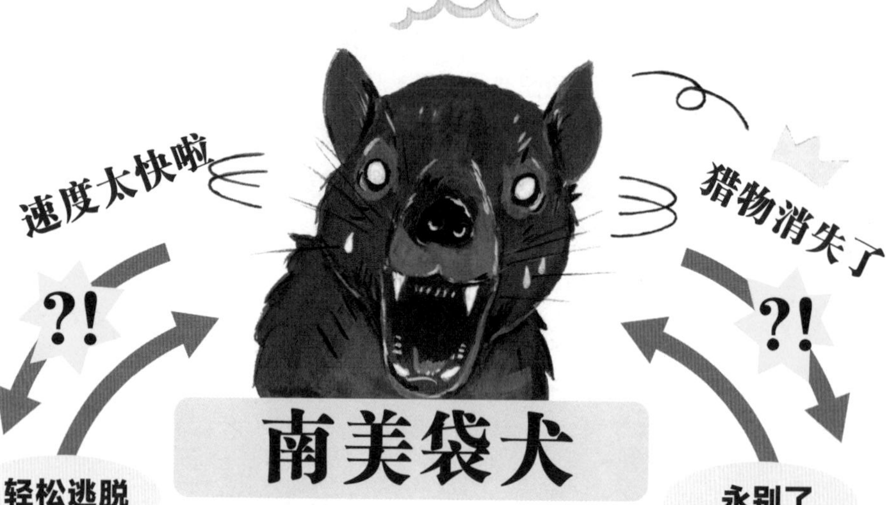
速度太快啦
猎物消失了
?!
?!
南美袋犬
轻松逃脱
永别了

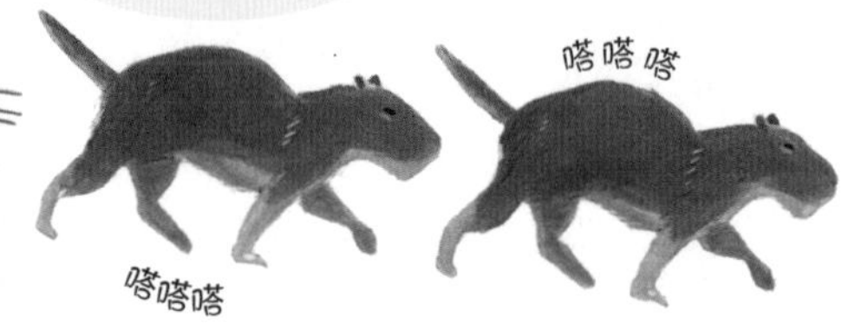
嗒嗒嗒
嗒嗒嗒

巨型豚鼠

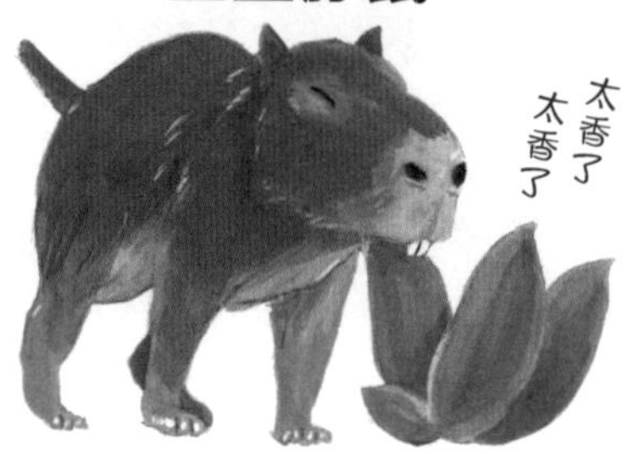
太香了
太香了

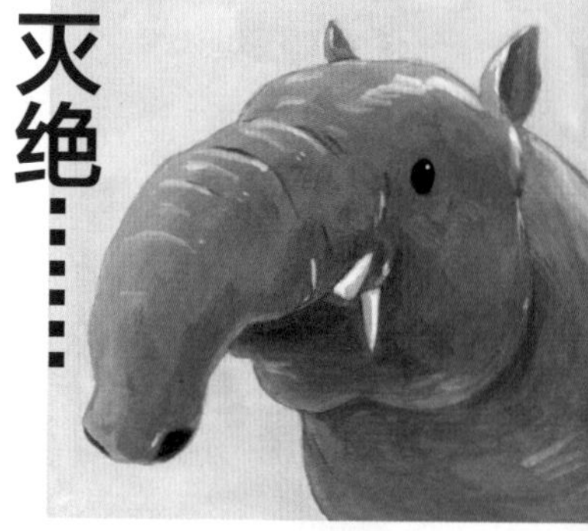
灭绝……

闪兽

（上接前文）就在闪兽与巨型豚鼠激战正酣的时候，**南美袋犬一如既往地陶醉在“我犬生的黄金时代”所带给它的喜悦之中。**

它对自己的各种武器扬扬自得：强有力的下颌能够咬死比它更庞大的猎物，巨大的臼齿能够磨碎猎物的肉，坚硬的骨骼也能顶住反击……

南美袋犬因为拥有这些强大的武器而获得南美学园最强食肉兽的称号，于是在校园内称王称霸！

它虽然也知道有一个豚鼠家族存在，但它根本不当回事，认为那不过就是一些不起眼的小东西罢了。

然而事态突然大变样！**由于实现巨型化的豚鼠将闪兽驱逐出了校园，导致容易猎捕的猎物就这样从南美学园彻底消失了！**

南美袋犬慌了神，赶忙转头去追赶巨型豚鼠。**怎奈它无论怎么抓也抓不住豚鼠，于是只好抱着空空的肚子灭绝了……**

灭绝时间	新近纪（中新世中期）
物种分类	哺乳类
体形大小	体长 1.5 m
栖息地	南美洲
食物	大型食草兽

不应该满足于现状，应该让自己变得更快更敏捷！

马后炮

南美袋犬是栖息在南美洲的大型食肉有袋类，它们虽然四肢偏短，但体格强健，咬合力尤其强大。因此，它们似乎能够捕猎比它们自身还要庞大的闪兽等大型食草兽。然而当时间来到中新世中期，南美洲特有的大型食草兽逐渐减少，南美袋犬试图改变目标，袭击巨型豚鼠之类新猎物的时候，大概因为奔跑速度跟不上这些动物，所以最终在饥饿中灭绝。

前寒武纪 | 古生代：寒武纪 奥陶纪 志留纪 泥盆纪 石炭纪 二叠纪 | 中生代：三叠纪 侏罗纪 白垩纪 | 新生代：古近纪 新近纪 第四纪

消失不见，红树林

灭绝

维卡里亚海蜷

呈螺旋状排列的刺状突起

你可是红树?！你还活着，你还活着啊！老头子我好想你啊！总是忍不住想起你在的那些时候。**那时候，这一带也有你的同伴，这边再过去一点的内陆也灌满了海水。**老头子我怕被波浪卷走，就用这壳上的刺扎进泥里，拼了老命扒住泥地，啊哈哈！

唉，现如今不用啦！不用再那样提心吊胆啦！你瞧瞧，现如今成了这幅光景！惨不忍睹哟！**自打地球变冷以来，海水也越来越少。**这下不得了哟！作孽哟！泥地干透，这一带的生物基本上统统命丧黄泉，再也回不来了！说明地球也在杀生啊！

不过这下好了，你回来了，这下老头子我可就放心了！咦，你怎么要走啊？**喂……等等，别走！这一切难道是幻觉？**唉，你别消失嘛，别把我老头子一个人留下嘛！

灭绝时间	新近纪（中新世后期）
物种分类	腹足类
体形大小	壳长 10 cm
栖息地	亚洲
食物	泥中有机物

马后炮

说明不学会用自己的脚走路，是万万不行的。

红树林生长的环境是河水与海水相混合的湿地，红树是热带至亚热带特有的树种，在日本，现在只有在鹿儿岛县和冲绳县才能见到。维卡里亚海蜷就是生活在这样一种红树根部的贝壳类，在日本，发现它们化石的地方是在北海道及福岛县等相对比较寒冷的地区，这大概是因为当时的日本气候温暖的缘故。中新世后期，气候变得寒冷，红树林消失，维卡里亚海蜷好像也就跟着灭绝了。

植物统统枯死，灭绝

沙漠旅途

出井·普洛托·光太郎

我的前面没有路，
我的后面也没有路，
因为这里是一望无际的沙漠。
足迹，植物，一切的一切，
被狂沙吞噬，消失无踪迹。
我用我的大鼻子，
使劲地闻啊闻，
丝毫闻不见绿树清泉的香气，
空中弥漫的，唯有死亡的气息。
啊，自然哟！
地球哟！
你用你无情的沙漠化
把生机盎然的大地变得干巴巴，
还残忍地把我独自留下。
地球哟！
你的土为何干得沙沙响？
请你不要把目光从我身上移开，
请你守护我！
请常常用美味的树叶
填满我的胃！
不，事到如今，
树枝也无妨，
这是我此刻由衷的渴望！
为了让我走完这漫漫长路！
路漫漫，心里面茫茫然，
敢问此地是何方？

此诗仿写的是日本近代著名诗人、雕刻家和画家高村光太郎的诗作《道程》。——编者注

双门齿兽

嘴巴好渴啊……
我名字的意思是"两颗门牙"
是奔向大海？是钻入地里？还是出发去寻找阴云……
马后炮

灭绝时间	第四纪（更新世末期）
物种分类	哺乳类
体形大小	肩高 2 m
栖息地	澳大利亚
食物	树叶

双门齿兽是史上最大的有袋类，体形大小堪比白犀牛，是接近裸鼻袋熊及树袋熊的一个类群。一般认为它们鼻子大，对气味敏感。它们那巨大的门齿有一定的厚度，除了树枝和树叶外，大概也曾经剥下树皮来吃。然而，从数万年前开始，澳大利亚的沙漠化区域不断扩大，能供它们摄食的植物不断减少，于是导致它们营养不良，无法维持庞大的躯体，最终灭绝。

被牛取而代之，灭绝

哞哞哞

小型的蹄兔今天也还存活着

巨蹄兔

牛科祖先　始羚

兔 喂、喂，牛小弟！你没事吧？把草吃进肚子里去，身体吃得消吗？

牛 没问题，完全吃得消。怎么，难道巨蹄前辈吃不来吗？这草可香了。

兔 我、我吧，我喜欢吃柔软又水嫩的树叶和水草。

牛 **前辈，你是因为牙齿不够坚硬吧。（笑）**你辛苦了。

兔 喂，注意你的措辞，牛小弟！我跟你说，首先，草太硬，吃进去也消化不了，也就不能给身体提供营养，不是吗？！

牛 完全能提供营养啊**……怎么，前辈莫非还没有掌握“反刍”的技能？**

兔 那、那是什么技能？

牛 **是一种帮助消化的技能，让吞下去的草先在胃里面发酵，然后把草返回到嘴里再次咀嚼，完了再吞下去消化。**这已经是食草兽必备的一项技能了。

兔 这、这种技能在我的那个时代根本就不需要！

牛 可是如今森林减少，正值草原热哦，我的前辈！（笑）

灭绝时间	新近纪（中新世前期）
物种分类	哺乳类
体形大小	体长 2 m
栖息地	非洲、阿拉伯半岛
食物	树叶、水草

马后炮
要、要是我也能学会『反刍』就好了……

在古近纪的非洲，栖息着各种各样的蹄兔，其中体形尤其巨大的是巨蹄兔。它们的牙齿没有厚度，似乎是通过大量摄食柔嫩的植物而实现大型化的。然而当时间来到新近纪，出现了能够有效摄食坚韧的硬草的牛科动物。牛科动物跟随草原的扩张步伐不断扩大它们的势力范围，很有可能最终导致大型的蹄兔丧失了可以容身的地方。

小小贝壳长两头，灭绝

哈氏虫

贝壳（这里硬就以为可以高枕无忧）

虎视眈眈的奇虾早已经瞄准了柔软的部位

~怎样才能让天敌觉得我们难吃~

▶ 来，大家欢迎我们今天的老师——哈氏虫老师！请问老师，您今天要给大家分享怎样的心得呢？

哈 大家知道，以前的生物，全身上下每一个地方都是柔软的，**于是，我开始尝试给我的身体配备了贝壳。**

▶ 能给大家具体说说吗？

哈 可以。捕猎者在捕食猎物的时候，是先用嘴叼住猎物身体的一头，然后整个儿地囫囵吞下去的。**所以，我想到利用坚硬的贝壳来守护最先被咬的部位，也就是身体的两头，让捕猎者没法吃掉我。**

▶ 原来是这样。您这可是一大发明啊！

哈 是的，外侧坚硬，中间柔软，这种绝妙的平衡能够让敌人一下子变得食欲不振。

▶ 下面有请嘉宾奇虾先生。奇虾先生，也请您来分享分享？

奇 **我想说的是，如果不是从头上，而是从正中间下嘴呢？又该怎么办？**

▶ 啊，有道理！

哈 这，嗯，啊……您说的很有道理……

灭绝时间	寒武纪中期
物种分类	未确认
体形大小	全长 8 cm
栖息地	北欧
食物	泥中有机物

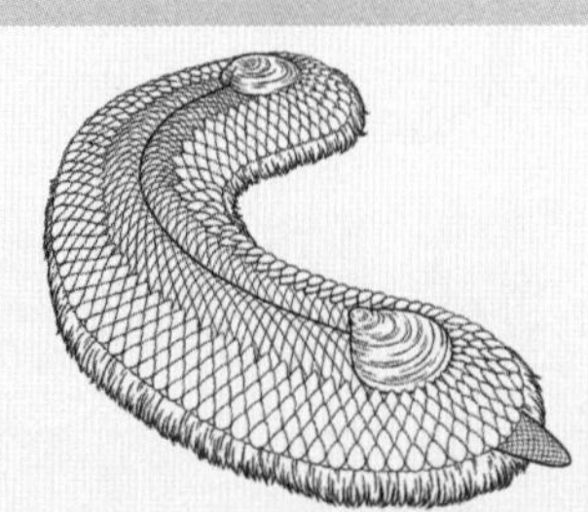

马后炮
多么希望拥有一副能够把整个身体隐藏起来的贝壳啊！

哈氏虫全身覆盖着细小的鳞片，在身体的一前一后各有一枚小小的贝壳。当时的捕猎者视力不大好，所以仅仅守护身体一端的战略大概还是有效的。但是一旦演化出视觉发达的捕猎者，并且专门袭击哈氏虫身上柔软的部位时，它们也就绝种了。虽然物种分类尚未得到确认，但有说法认为哈氏虫接近软体动物（贝类），或者环节动物（沙蚕类），又或者腕足动物（舌形贝类）。

前寒武纪	古生代						中生代			新生代		
	寒武纪	奥陶纪	志留纪	泥盆纪	石炭纪	二叠纪	三叠纪	侏罗纪	白垩纪	古近纪	新近纪	第四纪

卡瓦拉栉三叶虫

身体脆弱，易坏

灭绝

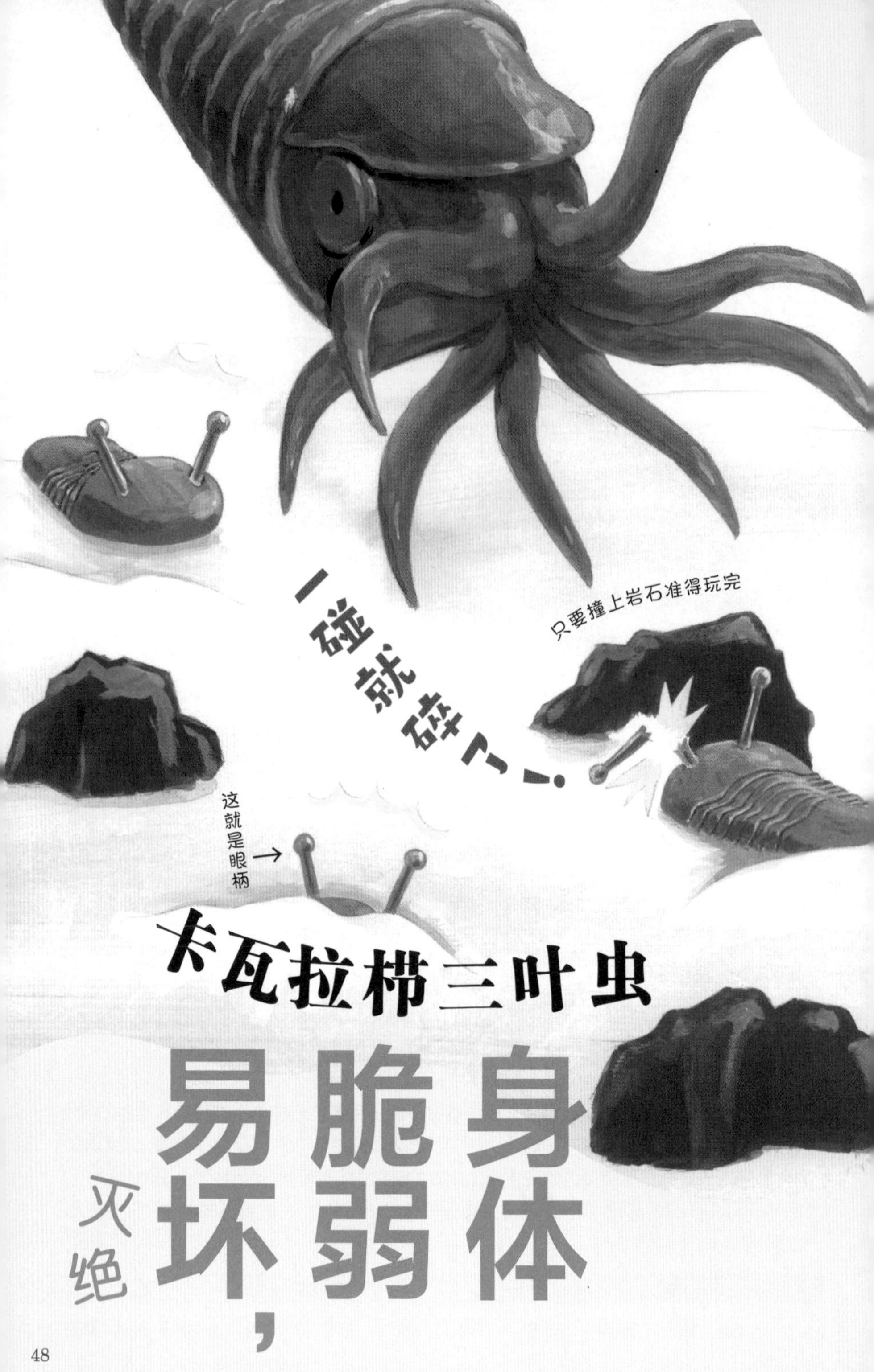

一碰就碎了！
只要撞上岩石准得玩完
这就是眼柄

卡瓦拉栉三叶虫

约前 4 亿 7000 万年—约前 4 亿 5800 万年

卡瓦拉栉三叶虫是欧洲地区的三叶虫，在种类多达 1 万种以上的三叶虫界，它作为“栉虫”集团的成员开展活动。**它凭借着双眼向上鼓凸这一富有个性的姿容，在死后受到追捧。**

◉ 生平

卡瓦拉栉三叶虫在海底度过了它的一生。它一生几乎所有的时间都生活在海底的泥沙里，通过滤食泥沙里所富含的营养来维持生命。

◉ 身为三叶虫的业绩

卡瓦拉栉三叶虫通过使双眼像蜗牛那样伸长，获得了躲在泥沙里就能观察周围情况的特殊技能，从而在向来保守的三叶虫界掀起了一场革命。

◉ 晚年

遗憾的是，这对鼓出的眼睛没有弹性，咔吧一声就折断了，导致它丧失视力。

另外，学名中的“卡瓦拉”取自俄罗斯一位生物学家的名字，同流行语“瓦特啦”（上海话，“坏掉了”的意思。——译者注）没有任何关系，更不意味着它生来就容易损坏。

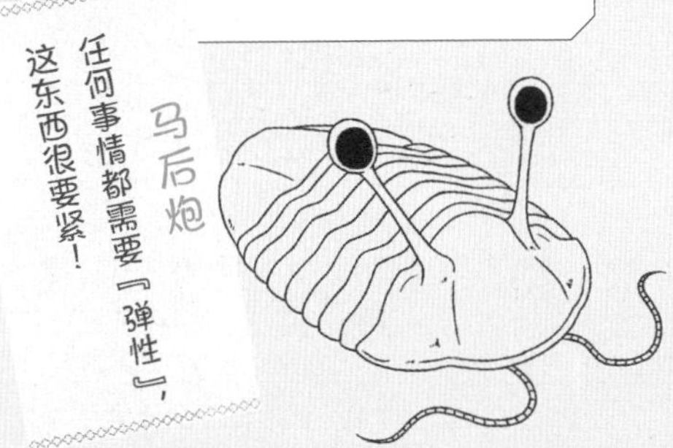

灭绝时间	奥陶纪中期
物种分类	三叶虫类
体形大小	全长 10 cm
栖息地	欧洲
食物	泥中有机物

三叶虫通过使身体表面变得坚硬而获得了成功，其中卡瓦拉栉三叶虫更是以奇特的形貌获得追捧。卡瓦拉栉的眼睛长在特别长的“眼柄”前端，所以即便潜伏在泥土中，应该也能够通过这双眼睛来观察周围的动静。可惜由于身体表面坚硬，所以眼柄既不能弯曲也不能往回缩，肯定十分容易折断。也因此，并没有子孙继承这对长长的眼柄，它们也就灭绝了。

蚯蚓稀缺，灭绝

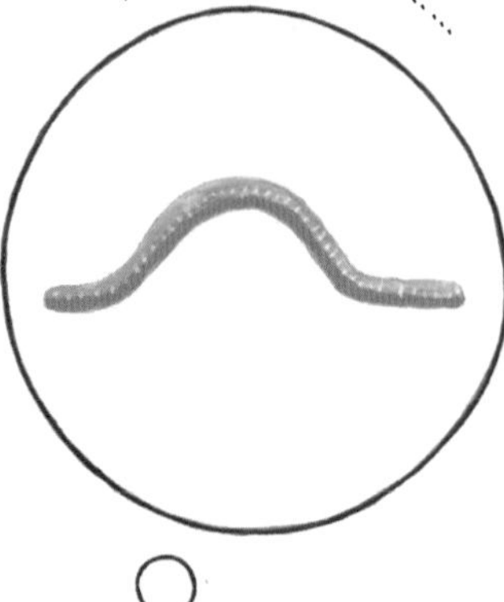

闻着气味搜寻

巨针鼹

我问你，什么才是度过幸福一生的必备要素？是努力，还是才能？

让我来说的话，我认为最重要的还得是环境。**只要你所处的环境资源丰富，那么没什么力量的家伙也能活得下去。**不过这就得讲“运气”了。

我是靠吃湿润的泥土里的蚯蚓生活的，可自从澳大利亚的气候变得干旱以后，周围变成了一片大沙漠，蚯蚓是到处挖也挖不到了。

我也曾经努力适应环境的变化，比如让身体增肥。喏，杯子里的热水很快就变凉了，澡盆里的热水却很难变凉，对吧？一样的道理，身体越大，热量越难逃逸，哪怕食物少一点也不要紧。

可是，事实证明白搭。**除此之外，我也试过让腿长长，能够走到远方去，没想到沙漠的扩张速度比我的走路速度快多了。**我实在没办法了，服了。

马后炮

要是能吃得来各种各样的东西，没准路也能越走越宽阔。

灭绝时间	第四纪（更新世末期）
物种分类	哺乳类
体形大小	体长 90 cm
栖息地	澳大利亚
食物	蚯蚓、金龟子的幼虫

巨针鼹的体形大小相当于大型犬类，是今天仍然栖息在巴布亚新几内亚岛的长吻针鼹的亲戚。它们生活在森林里，似乎是把土刨开后用长长的嘴来摄食蚯蚓。然而到了冰河时代末期，它们的栖息地澳大利亚的沙漠化进一步扩大，森林持续减少，于是它们走向大型化，形成可以在体内储存食物的体质；好像也曾经迈着长长的腿在森林之间移动，但由于蚯蚓丧失了栖息的环境，它们也就跟着灭绝了。

前寒武纪	古生代						中生代			新生代		
	寒武纪	奥陶纪	志留纪	泥盆纪	石炭纪	二叠纪	三叠纪	侏罗纪	白垩纪	古近纪	新近纪	第四纪

海底火山爆发，灭绝

遭遇袭击的鸟脚龙 ▶

◀ **鼎盛时期的克柔龙**

作为顶级掠食者称霸白垩纪前期海洋的长颈龙

克柔龙

那么，开始上课。**今天我们来讲这个，"海洋无氧事变"。**内容有些复杂，我会按照顺序进行说明，请大家在回家之前记住它。

1 1亿2000万年前，海底发生了火山大爆发。后来，火山又花了100万年流出大量岩浆，殃及的范围相当于日本面积的大约14倍。

2 火山爆发时带出大量二氧化碳，导致地球变暖。

3 地球气温上升，北极和南极的海水变暖。

4 海水一旦变暖就会变轻，海面上含有氧气的水就不再下沉到深海。

5 氧气不再遍布整个海洋。这就是"海洋无氧事变"。

6 由于缺氧，鱼和浮游生物死亡。

7 依靠肺部呼吸的克柔龙也因为猎物减少而灭绝。

好了，上述内容可以推导出一个能够同"大风刮起来，木桶店就会赚钱[①]"相提并论的理论："火山一爆发，克柔龙应声灭绝。"你问这部分内容会考吗？不——会！

① 日本谚语，比喻某一事件的发生会影响到乍一看毫不相干的地方或事物。——译者注

灭绝时间	白垩纪前期
物种分类	爬行类
体形大小	全长11 m
栖息地	澳大利亚、南美洲
食物	鱼、海龟、长颈龙

马后炮
前途莫测，
请大家在生活中
时刻绷紧这根弦。

长颈龙多数都是"脖子长，脑袋小"，但事实上也存在"脖子短，脑袋大"的类群，那就是张开血盆大口瞄准大型猎物的上龙类。其中克柔龙属于体形最大的上龙类，它的头部占了身体全长的近三分之一。克柔龙在白垩纪前期的海洋中属于横行无敌的存在，但由于海底火山持续大爆发，海水不再富含氧气，导致大型猎物因缺氧而减少，它们也终于灭绝了。

始祖象

已经无法在陆地上行走

大口咀嚼……

亚洲象

听说都叫象，
没开玩笑吧？

鼻子短，灭绝

让我们尽情享受这一刻！

短歌吟咏时间

（短歌为日本传统的和歌形式之一，由5句共31个音节构成。——译者注）

那么，接下来，让我们今天也来尽情地吟咏和歌吧。

这回的题目是《鼻子》。说到鼻子长的动物……对了，大象。

各位知道吗？大象的鼻子之所以会变长，是为了能够站着喝水。如果在喝水的时候蹲下来，就很有可能被食肉兽趁机袭击。

顺便说一句，别看我长成这副模样，我也是象科成员哦！虽说我的鼻子永远是这么短。这都是因为我长期站在浅水岸边吃水草的缘故。**因为只要待在水里，就没有必要伸长鼻子了。**连这个动作都可以省了。

那么——我先来一首。

花无百日好　拥有就应该偷笑
眼前水和草　大陆漂移阻水道
水啊水啊不见了

大陆发生漂移，大海被截断，气候骤然变干旱，一切来得太突然，始料不及。

灭绝时间	古近纪（渐新世前期）
物种分类	哺乳类
体形大小	肩高 6 m
栖息地	非洲北部
食物	水草

马后炮
早知道现实变幻无常，
就应该做好准备，
提前让鼻子长长。

生活在水边的初期大象当中，始祖象的形貌与众不同，它们腿短，躯体异常地长。它们的一生恐怕基本上都是浸在水里度过的，不大四处走动。因此，当气候变干旱，水边的环境缩小后，它们应该也很难登上陆地生活。同它们形成对照的是主流派大象，这些主流派正相反，它们在这个时期不仅让鼻子长长，而且实现了大型化，最后离开水边，成功延续了种族。

活化石全球汇报演出 第2幕

孤单寂寞冷 噢！日本大鲵！

噢！噢！噢！
日本大鲵来报到！
1亿6000万年前出现
大型两栖类的子孙
冷冰冰的河底 大大的身体 一路向前
今天住在日本西部 记住我 可不可以？

噢！噢！噢！我的上帝！
我的祖先诞生 在那个可怕时代 那时候恐龙满地
谁说两栖类落伍？又有谁在乎你的无礼！
迈开四条腿独自上路 一路向前 从不觉孤寂

噢！噢！噢！我的女孩！
故乡亚洲容不下我飞驰的心 游向更大的海
跨越大陆 踏遍北美南美和欧洲 多么开怀
在全世界留下足迹 时时记起 脑海萦回

多么孤单的今天 噢！
落魄 寂寞 向谁诉说？

上游没有大鱼 日本大鲵来凑数
没有原因 没有谁对我说明
就这样老老实实 深居简出
你听见了吗
我的心在呐喊 多么孤独！

日本大鲵

物种分类	两栖类
体形大小	全长1.5 m
栖息地	日本西南部
食物	鱼、甲壳类
活化石珍稀度	★★☆

3

蛮不讲理的

人为灭绝

活着是一件复杂的事情。

身为人类，为了生活，

有时候也会蛮不讲理地

迫使其他生物灭绝。

啊！不了解就没有发言权。

实际上，人类基本上不会故意去做一些导致其他生物灭绝的事情，在绝大多数情况下，灭绝是因为人类『不清楚后果』而造成的。

- 砍伐森林，开垦为良田，其他生物因为失去栖息地而消失；
- 捕捉某种生物当作食物，不知不觉间，该生物数量减少；
- 稀里糊涂带了某种外来生物上岛，岛上原有的某种生物被外来生物吃了个精光。

就像这样，有时候，人们并不清楚自己的行为将会引发怎样的后果，不知不觉间就造成了灭绝事件的发生。

事情听起来的确有些恐怖，但这些灭绝事件是可以通过『了解』来预防的。

当然，并非所有的灭绝事件都是由于『不清楚后果』而造成的。

- 明知道那条河里栖息着独一无二的生物，却仍然在河上修筑了用于发电的水坝；
- 明知道那是珍稀生物，却仍然因为可以卖得高价而进行偷猎；
- 为了保护家畜，驱除其他生物，希望它或它们消失。

就像这样，即使存在令其他生物灭绝的危险，可人类为了使生活过得富足，有时也会优先考虑自身的情况。

因此造成的灭绝事件是很难杜绝的。但是，只要找出更好的、更具包容性的做法，就一定能够减少灭绝事件的发生。

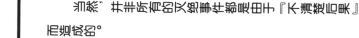

确实，人类有时也会导致其他生物灭绝

在这一章里，我们将要介绍的是，因为人类的行为而导致灭绝的各种生物。

听了这样的故事，也许有些人会对我们人类感到失望，也许还有些人会因此而黯然神伤。

无论如何，都请先静下心来好好思考一番。

说到底，人类究竟为什么会做出这样的事情来呢？

根据我们的分析，原因大致可以分为两大类。

因为1 不清楚后果

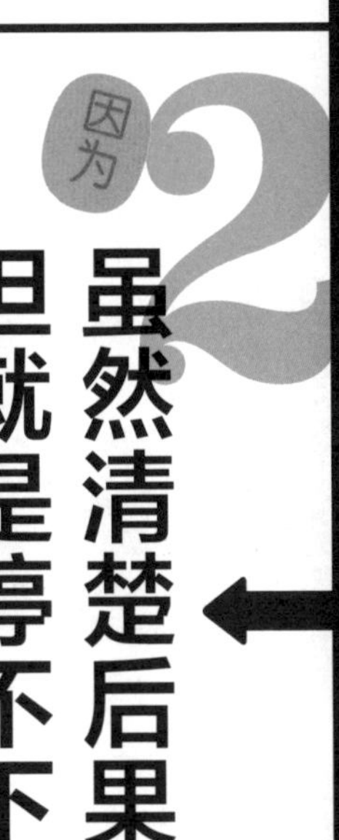

因为2 虽然清楚后果严重，但就是停不下来

被猪偷走蛋，灭绝

无论什么都吃的贪吃猪

塔希提矶鹬

哎呀，怎么没了？蛋怎么全都没了？发生了什么事？开什么玩笑呢？难道全都飞走了？这才生下刚两天呀！真是奇了怪了！

喂，猪，是你把蛋偷去吃了吧？我拜托你积点德行不行？自打你来到这座岛上以后，我就倒霉得一塌糊涂。

过去我只管笃悠悠地吃吃螃蟹，生活自在得很！没什么敌人想要吃掉我们不说，就算把蛋产在地上，也不会被任何人给偷走。

这么说吧，那个人类是叫库克船长吗？没错，就是他，说什么“等下回来的时候就有的吃了♪”，结果把猪留在岛上，自己带着人马先回去了。这就是罪恶的源头。想吃猪肉在他自己的国家吃不就完了嘛！**怎么带来的就怎么带回去，这是游戏的基本规则，没错吧？**

还有，猪，我告诉你，别看你们现在无忧无虑，只管吃得圆滚滚的，**下回可就轮到你们来当人类的盘中餐了。**

灭绝时间	1777 年
物种分类	鸟类
体形大小	全长 15 cm
栖息地	塔希提岛
食物	甲壳类、沙蚕类

塔希提矶鹬（jī yù）是栖息在南太平洋塔希提岛上的鹬，塔希提岛远离大陆，岛上并不存在捕食它们的陆地哺乳类及猛禽类，所以它们不必担心遭到袭击。然而，当英国人在 1768 年“发现”这座岛屿之后，他们把猪放到了岛上。猪虽然没有袭击塔希提矶鹬，但却吃光了地上鸟窝里的蛋。因此，距离塔希提岛被发现还不满 10 年，塔希提矶鹬便灭绝了。

故乡回不去，灭绝

哎哟嘿！大叔我总算要回到自己家了！到底还是故乡最棒！到底还是这个生我的地方最吸引我！哇——痛死我了！

什么呀，这是？墙吗？喂——这堵墙是干吗的？！挡住我的路啦！**看来是人类修建了大坝，好讨厌啦，呜呜呜！**

这可怎么办？我们吧，全都是先在上游出生，然后顺江而下，等长大以后再逆流而上，回到上游

高高耸立的坝墙

长江（中国第一大河）

白鲟

世界自然保护联盟（IUCN）于2022年7月21日正式宣布白鲟灭绝。——编者注

来产卵，这可是祖祖辈辈传下来的、需要我们用一生去遵循的轨迹啊！**这大坝一拦，我们就不能重返故乡了！**故乡啊故乡，难道再也回不去了吗?

啊——罢了罢了！瞧瞧人类都干了些什么！又是把脏兮兮的水放到河里，叫人家没法住；又是对着河里的鱼一通滥捕滥杀，对我们的食物一通强取豪夺。**人类啊，真的把我们害惨了！**我们这些鲟鱼真的再也活不下去了，真的！

马后炮

可恶的人类啊，你也要稍微考虑一下别的生物的死活啊！

灭绝时间	2005 ~ 2010 年
物种分类	硬骨鱼类
体形大小	全长 7 m
栖息地	中国
食物	甲壳类、鱼

白鲟是仅在中国长江里栖息的世界最大的淡水鱼。它们利用长长的鼻尖上排列着的“陷器”感知猎物所放射出的微弱电流，然后进行捕食。它们似乎是在河的上游出生，然后在成长的过程中一路游向河面开阔的下游。然而，进入 20 世纪 70 年代以后，长江上建起了好几座水电站大坝，导致白鲟无法回到上游的产卵地，最终好像是在无法产卵的情况下全部老死了。

※ 这里的生存年代指的是包括白鲟在内的全体长吻鲟科的生存年代。

前寒武纪	古生代						中生代			新生代		
	寒武纪	奥陶纪	志留纪	泥盆纪	石炭纪	二叠纪	三叠纪	侏罗纪	白垩纪	古近纪	新近纪	第四纪

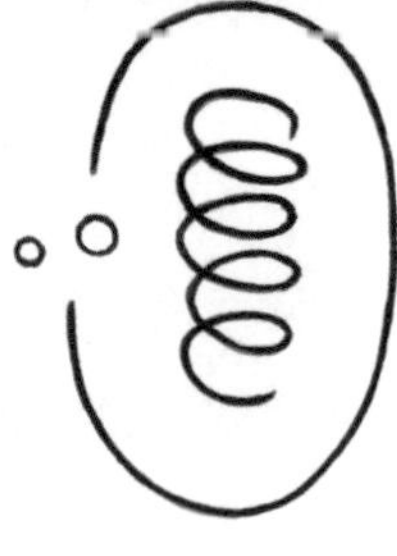

福克兰狼

因为长得像狼，灭绝

急于逃命的绵羊

狼 啊，绵羊弟弟！你好啊！

羊 **咩……咩——狼来啦！狼来啦——**

狼 怎么……就这么值得大惊小怪？

羊 我得赶快跑！要不然会被你给吃掉的！

狼 **不，我不会吃你的！我顶多也就吃一吃企鹅那种大小的海鸟！** 我也不解释了，要不我暂时就这样老老实实地待在沼泽里，你看行吗？

羊 你骗谁呢！人类前几天才刚警告过我们！人类说："狼要吃羊，所以非杀不可！"

狼 **难道说……是误会？他们以为我是北半球的灰狼？** 这都什么跟什么呀！血统完全就不一样嘛！我跟南美洲的薮（sǒu）犬才是亲戚……

羊 你别你◎％▲＄☆＃……

狼 等等，慢一点，我听不懂你在说什么！

羊 哇——来人哪！救命啊！我要被狼杀死啦！人类——你们快来救我啊！

狼 算了，看来没用，还是先从沼泽里出来吧。

灭绝时间	1876 年
物种分类	哺乳类
体形大小	体长 1 m
栖息地	福克兰群岛
食物	企鹅、鲸鱼尸体、昆虫

马后炮
没血缘，长得像，
让人由怕生恨，
真没地方说理啊！

福克兰群岛（阿根廷称为马尔维纳斯群岛）位于南美洲的南端，福克兰狼曾经是岛上唯一的哺乳类，在人类于 18 世纪移居岛上之前，它们曾经是岛内无敌的存在。因此，它们的警惕性很低，据说还曾经无所顾忌地想要吃人类的食物，结果遭到人类用棍棒击打，毛皮还被做成了皮草外套。当有移民开始放牧时，移民又误以为它们会袭击绵羊，所以不仅殴打，更是下了毒饵将它们驱除，它们最终也就灭绝了。

蛇来了，灭绝

关岛阔嘴鹟

只有关岛才有的鸟，那就是关岛阔嘴鹟

褐林蛇已经张开血盆大口

请不要那样盯着我看！我叫阔嘴鹟（wēng），因为长了一张扁平的喙，所以别人都这么叫我。因为扁平，看起来就很“宽阔”。

什么，我错了？你是蛇？啊——褐林蛇！因为头看起来很大，所以你还有个外号叫“南大头”？这跟我有什么关系？“大”和“阔”完全不是一回事，好吗？

告诉你一个秘密，那种蛇，我们最好都当心着点儿。它们是混进人类的货物里面被带上岛的，**它们习惯于躲在树上伏击像我们这样的小鸟，然后一口吃掉！**

什么？早点察觉？这个嘛……你不知道，那种蛇，**身上的花纹跟树枝长得一模一样，所以很难察觉**！它们没有天敌，所以数量越来越多，愁死人了！

什么？危险？可不是嘛！托它的“福”，这座岛上本来有 12 种鸟，现在其中 10 种都没了！简直危险到了极点！**你也要多多保重啊！**

灭绝时间	1983 年
物种分类	鸟类
体形大小	全长 13 cm
栖息地	关岛
食物	昆虫

马后炮
应该对周围的
无论树枝还是蛇多加
提防。

关岛阔嘴鹟是仅在马里亚纳群岛中的关岛栖息的关岛固有种※。关岛上原先并没有蛇，大约在 1950 年，褐林蛇混入船上的行李上了岛。这种蛇通体呈茶褐色，能与树皮融为一体，它们就靠着这层保护色，躲在树上等着伏击飞过来的小鸟。岛上的鸟类对于这样的捕食者完全没有戒心，一种接一种不见了踪影。其中的关岛固有种——关岛阔嘴鹟，也因此从地球上消失了。

※ 指仅在某特定区域栖息的生物种类。

无数赌场拔地起，灭绝

这里是各种欲望交织的城市，是赌城拉斯维加斯……哦，忘了自我介绍了，我是曾经掌管着这个小村周边地界的拉斯维加斯豹纹蛙。

你来看。这是我当初在职的时候拍的一张照片。跟现在截然不同是不是？过去，这里是沙漠中的一片小小绿洲，当时我有许许多多的伙伴，我们就生活在这里。

然而，**人类来了，一看，这座岛上什么都没有，反而大喜过望，就趁机制定了什么讨厌的“盖赌场”计划。**

为了把城市建起来，人类从我们所生活的池塘里抽走了大量的水。拜他们所赐，泉水干涸，原本清澈的小河里排进了各种颜色的脏水。

当灯火通明的赌场酒店拔地而起的时候，我的伙伴们就已经一只不剩了。就这样，我们的小村被夺走了，我们则被欲望的海洋所吞噬。

今天的拉斯维加斯

拉斯维加斯豹纹蛙

灭绝时间	1942 年
物种分类	两栖类
体形大小	体长 6 cm
栖息地	美国西部
食物	昆虫

马后炮

人类的欲望深不见底，无论谁都没有办法制止……

拉斯维加斯豹纹蛙是栖息在美国内华达州拉斯维加斯市周围水边的一种蛙。这里曾经是少数的沙漠绿洲之一，随着道路及铁路的完善，人类的数量也增加了。也因此，拉斯维加斯豹纹蛙所生活的水边环境遭到了破坏。另外，居民放养的牛蛙和虹鳟也捕食它们。就这样，在各种因素的交叉影响之下，1942 年被人类最后一次捕获后，它们便消失了踪影。

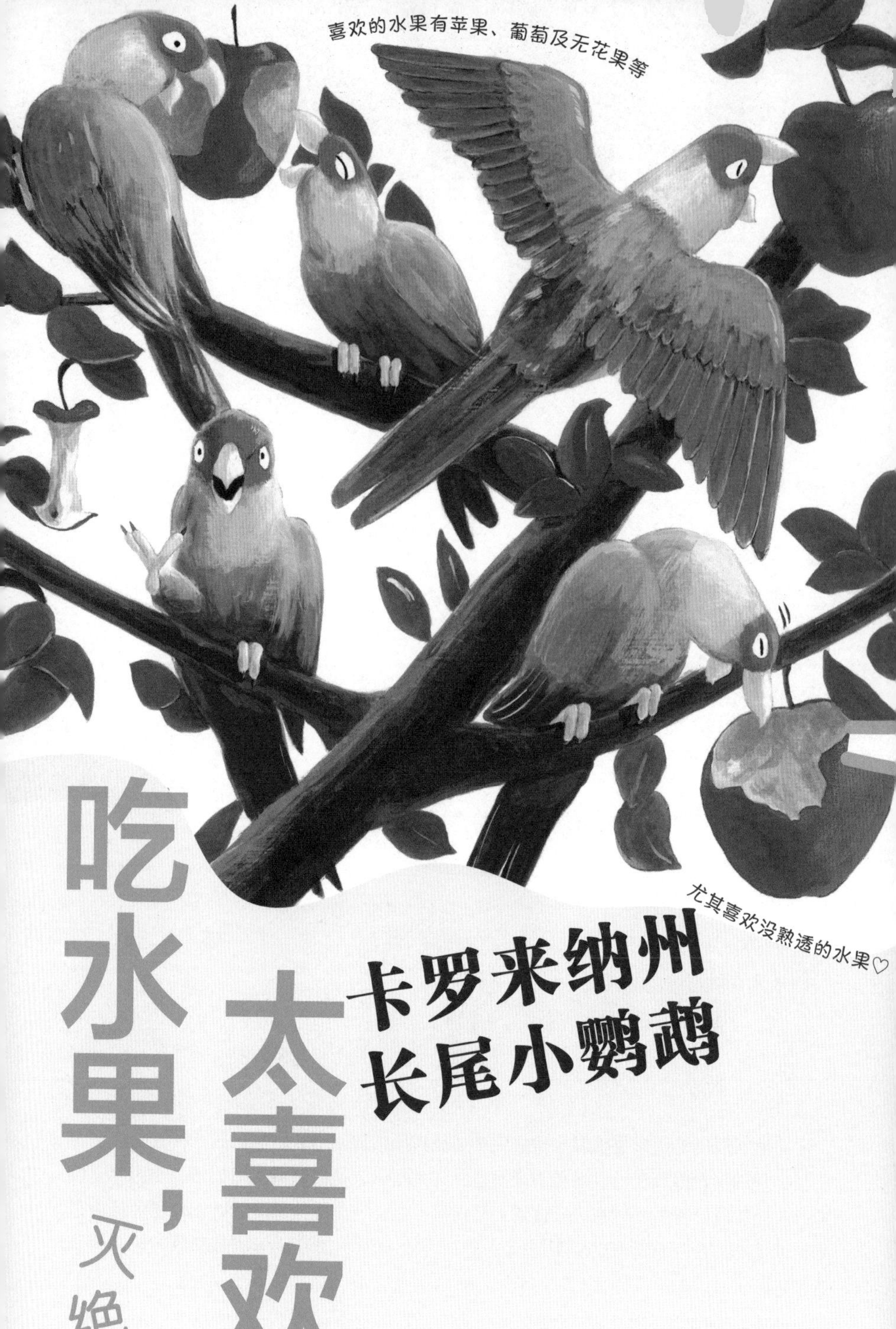
喜欢的水果有苹果、葡萄及无花果等
尤其喜欢没熟透的水果♡

卡罗来纳州长尾小鹦鹉

太喜欢吃水果，灭绝

大家好！我们是偶像团体“卡罗来纳州★长尾小鹦鹉”！**嗯——事情有些突然……因为种种原因，我们今天终于不得不决定解散了！**

我们从南美转移到北美来发展，是在550万年前。一开始还有点担心，心想，“这么冷的地方也不知道有没有水果……”，可是大家看，我们飞遍了整个北美大陆，吃遍了各种水果，最后组成了这么大的一个团体。真的非常感谢大家！

遗憾的是……自从移民踏上北美的土地以后，森林就随之慢慢减少了。于是我们把活动场所改在了果园里，在那里继续努力。然而人类却生气了，拿枪打我们，打得我们的团体成员越来越少……**很遗憾，我们不得不得出结论，我们再也无法以团体的名义参加任何活动了。**

但愿有一天，我们大家能够一团和气地共享水果。衷心期盼那一天早日到来！

马后炮

实在无法掩饰想要吃水果的心！

灭绝时间	1918年
物种分类	鸟类
体形大小	全长35 cm
栖息地	北美洲
食物	果实

鹦鹉科通常生活在多果实、气候温暖的地区。但是卡罗来纳州长尾小鹦鹉却在冰期从南美洲迁移到了北美洲，成为栖息在地球最北的鹦鹉。尽管北美洲气候凉爽，果实少，但因为没有其他种类的鹦鹉来抢食，所以起初它们的食物大概是充足的。然而，当人类移民增加，成片成片的果树便相继遭到砍伐。后来，人类又把它们当作果园里的害鸟加以驱除，所以它们就灭绝了。

躺在海滩睡大觉，灭绝

和平的一夫一妻制

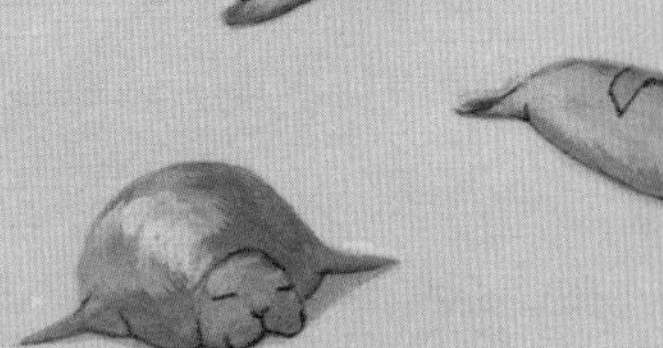

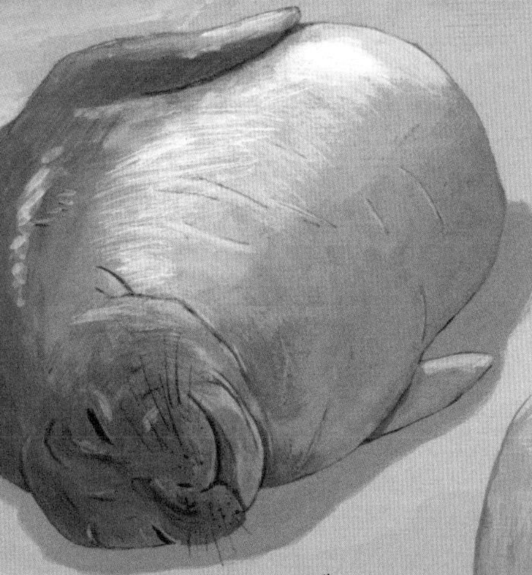

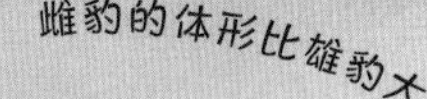

雌豹的体形比雄豹大

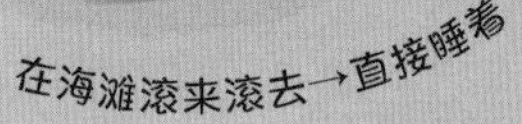

在海滩滚来滚去→直接睡着

加勒比僧海豹

啊——好惬意啊……
在沙滩上滚来滚去真是超级棒的豹生享受！

这沙子的温度也是刚刚好，对于咱们在海里泡冷的身体来说疗效显著。

是啊，咱们身上的毛又不厚，而且天生怕冷。

我听说那些寒冷地区的海豹，日子可难过啦。

是吗……

听说连睡觉的时候都漂浮在海面上。为了争夺雌豹，雄豹们还打架呢，打得可凶啦。

咱们这边可没有那种糟心事儿，大家伙儿关系好得很！

天太冷果然还是不行……

呀，我可听说了，最近人类要到咱这地界来了！

怎么回事？他们来这儿干什么？

拿着硬木棍来揍咱们来了。

这……人类真太危险啦！

当然危险了！他们为了点灯，要用咱们的身体来炼油。

这——危险……要不逃海里去？

嗯——这件事……要不明天再考虑？

马后炮

突然叫人家要有危机感，一时之间也很难办到啊！

灭绝时间	1952年
物种分类	哺乳类
体形大小	全长2.2 m
栖息地	加勒比海沿岸
食物	鱼、乌贼

海豹多数生活在食物丰富的寒冷海域，加勒比僧海豹却生活在温暖的海域。它们的身体脂肪少，体毛密度也低，但只要躺在沙滩上，体温很快就能升高。而且，加勒比海的各座岛屿上也不存在有可能袭击它们的大型捕食者。然而，人类来了。于是，当它们毫无防备地躺在沙滩上时，它们因为一点可怜的脂肪而遭到猎捕，最终灭绝。

穷讲究，灭绝

乐园鹦鹉

夫 怎么样？满意吗？

妻 嗯，线条相当优美。好就好在里面的空间足够大。我给 90 分！

夫 不错吧，这么大的白蚁窝可是非常罕见的。

妻 如果把这个白蚁窝拿来当我们的鸟巢的话，那么一次生产 5 个蛋看来也不用担心了。**生蛋果然还是得生在白蚁窝。**这样，雏鸟就能够在巢里吃现成的蛾子幼虫，那可是它们最喜欢的美食。

夫 说得太对了。如果是别的鸟窝的话，实在不放心把雏鸟留在家里啊！

妻 对了，草呢？你看过了吗，附近有没有长草？

夫 当然早就确认过啦！

妻 **因为我们俩早已经下定决心只吃草籽了。**饮食习惯可不容易改变。

夫 最近草也越来越少了，都是因为人类来这里放牧给害的。听说还有人类看我们长得美，要抓我们回去当宠物养呢。

妻 哎呀，这可不行！**人类怎么可能知道我们对生活各方面的细节有多么讲究呢！**

完全不用给雏鸟衔食物
一次生 3 ~ 5 个蛋
马后炮
虽然讲究过了头，难免过得艰难一些，可这也是一种生活方式啊！

灭绝时间	1927 年
物种分类	鸟类
体形大小	全长 30 cm
栖息地	澳大利亚东部
食物	草籽

人类发现乐园鹦鹉是在 1844 年。它们一度因为美丽的外表而遭到过度捕捉，19 世纪 80 年代，饲养乐园鹦鹉在英国有钱人中风靡一时。乐园鹦鹉似乎是刨白蚁窝来做鸟巢产卵，雏鸟在里面吃现成的蛾子幼虫长大。另外，鸟父鸟母也有着只吃草籽的独特食性。因此，在被人类饲养后，它们好像也活不长久，而且又无法进行人工繁殖，所以也就灭绝了。

岛屿大开发，灭绝圣赫勒拿蠼螋

老鼠

这座岛就是拿破仑一世的流放岛和他最后的死亡之地

青蛙

喂，老鼠老弟，这只虫子是我的猎物，是我发现的。

不对，青蛙大哥，是我先发现的才对。

你要是这么说的话……

那就通过知识问答来定胜负！

那好，问题来了。请问，距离非洲西海岸1930 km的这座孤岛叫什么名字？

圣赫勒拿岛！

正确。再来。1502年以前，这座岛一直是无人岛，岛上拥有丰富的树木和淡水……

建造了船舶补给基地！

也正因为这样，人口从1814年的3507人增加到了1910年的多少人？

1910年增加到了9850人！

回答正确。那么请问，1874年引进的、导致人口大幅度增长的是哪种产业？

“亚麻”栽培！

还有，亚麻的栽培导致森林减少，海鸟消失，像我们这样的外来生物被带上岛来，那么请问，这一切造成怎样的结果？

结果是我们蠼螋走向灭绝。

……

马后炮
我们也不懂什么芝麻还是亚麻，总之请到别的地方种去吧！

灭绝时间	1967年
物种分类	昆虫类
体形大小	全长30 cm
栖息地	圣赫勒拿岛
食物	昆虫、海鸟的粪便及羽毛

圣赫勒拿蠼螋（qú sǒu）体形大小堪比大螳螂，是世界上最大的蠼螋。蠼螋无法进行长途飞行，它们的祖先应该是随着枯木漂流到岛上，然后在没有天敌的环境中实现了大型化。但是，随着岛上人类移民增多，人类为了获取纤维和油而种植亚麻等作物，对岛屿进行开发，使环境发生巨大变化。结果，它们失去了赖以生存的橡胶林和海鸟繁殖地，于是灭绝。

前寒武纪	古生代						中生代			新生代		
	寒武纪	奥陶纪	志留纪	泥盆纪	石炭纪	二叠纪	三叠纪	侏罗纪	白垩纪	古近纪	新近纪	第四纪

被误认为是美洲雕，灭绝
瓜达卢佩凤头卡拉鹰
小羊羔
美洲雕来啦

大家好！我的名字叫凤头卡拉鹰，我住在瓜达卢佩岛上，那里属于墨西哥。

今天，我希望大家对我的情况有所了解！凤头卡拉鹰虽然是隼（sǔn）科成员，但是我们只会慢慢地飞行，不会高速俯冲！我们吃的食物，主要是动物的尸体和小动物。**山羊对我们来说太大，我们吃不了！！**

这里曾经是一座和平的岛屿，可人类到来以后打破了这里的宁静，世界完全变了！

接下来我要到城市上空小飞一会儿，就请你看看将会出现怎样的画面吧！**“哇——”“哇——”“哇——”“哇，美洲雕来啦——”**

你看看，这误会有多深！**误以为我是美洲雕，要来吃他们饲养的小羊羔，大吵大嚷，大惊小怪。**这视野是多么狭窄！这想法是多么片面！

于是，他们不但开枪射击，还投放有毒的诱饵，非要逼得我们灭绝不可，天哪……

人类真是太可恨啦！

灭绝时间	1900 年
物种分类	鸟类
体形大小	全长 50 cm
栖息地	瓜达卢佩岛
食物	动物尸体、昆虫、蜥蜴

瓜达卢佩凤头卡拉鹰是仅在墨西哥的瓜达卢佩岛上栖息的隼科鸟类。雕和隼虽然同样属于“猛禽类”，但它们的祖先完全不同。凤头卡拉鹰由于常吃尸体，没有必要快速飞行，于是向大型化发展。移居岛上的人类好像把它们看成了美洲雕，怀疑它们会来袭击重要的家畜，即山羊下的小羊羔，于是就用投毒或枪杀等手段驱除它们，结果，过了大约 200 年，它们灭绝了。

前寒武纪	古生代						中生代			新生代		
	寒武纪	奥陶纪	志留纪	泥盆纪	石炭纪	二叠纪	三叠纪	侏罗纪	白垩纪	古近纪	新近纪	第四纪

人类整治河道，灭绝

日本水獭

防水性超群的皮毛

也有人认为我们是日本传说中的
怪物"河童"的原型

妹 哎呀，还要走吗？我累了，走不动了！

兄 再走一会儿。再往前走一小会儿，就能找到地方休息了。

妹 真的？可是景色一直没变化呀。这里什么都没有呀！

母 咦，以前住过的巢穴在哪里呢？我记得应该是在这附近的呀！

兄 **啊……那里因为工程施工被掩埋了。**

母 这个，唉……过去，这一带其实也不错的呀！

妹 以前有岩石，有树根，有很多地方可以让我们休息的，现在都没了。

母 **是呀，我们是在夜间活动的，白天如果没有地方休息，怎么活得下去？**可现在你们看，到处都铺上了混凝土，没有漏掉哪怕一小块地方，还有哪种环境比这里更不适宜居住呢！

妹 啊！看见大海了！

母 让人不由得想起从前啊！

兄 是啊……无论过去还是现在，只有大海从来不曾改变啊！

灭绝时间	1979 年
物种分类	哺乳类
体形大小	体长 70 cm
栖息地	日本
食物	鱼、螃蟹

要是哪个地方没有人类，那就太好了！
马后炮

在日本的江户时代以前，日本水獭在日本全国都有栖息地，但自从进入明治时代，人类以获取皮毛为目的，开始对它们展开积极的狩猎，到 1928 年《狩猎禁令》出台的时候，就已经只能在部分河流沿岸见到它们了。加上第二次世界大战后的日本经济高速发展时期，河流污染遍及全国，防止河水泛滥的护岸工程又在同步推进，日本水獭因此失去了食物和栖息地，最终走向灭绝。

前寒武纪	古生代						中生代			新生代		
	寒武纪	奥陶纪	志留纪	泥盆纪	石炭纪	二叠纪	三叠纪	侏罗纪	白垩纪	古近纪	新近纪	第四纪

拉奈孤鸫

嗡

嗡

飞来飞去的致乏库蚊

嗡

感染疟疾，

灭绝

猪刨出的水洼

啊——这也太不吉利啦！猪又在地面上刨坑啦！！啊……不好意思，我完全乱了方寸了。也对……有必要说明一下情况。**事情是这样的，一旦有猪在地面上刨坑……就会有黑色的影子出来袭击我！**

这个……不好意思，也就是说……猪一在地面上刨坑，雨水就会积在里面，对吧？这样一来，蚊子就会在里面产下很多很多卵。

没错……就是蚊子！这就是折磨得我痛苦不堪的黑影子的真面目！它们是跟着人类乘船来到这座岛上的！**然后大量繁殖……今天嗡嗡嗡……明天嗡嗡嗡……都快把我“嗡”疯了！**

不是……不是的，如果只是嗡嗡几声，还能忍耐，恐怖的是疾病……蚊子在叮你的时候，顺便就把一种叫作“鸟类疟疾”的疾病传染给你了……**我在岛上长大，对这种病没有抵抗力，一旦得病可就玩完了呀！**

灭绝时间	1931 年
物种分类	鸟类
体形大小	全长 18 cm
栖息地	拉奈岛
食物	果实、昆虫

马后炮
多么希望住在高高的地方，高到蚊子飞不上来！

拉奈孤鸫（dōng）是仅在夏威夷的拉奈岛栖息的鸫科成员，1923 年之前十分常见，但在 1931 年的相关调查中却连一只都没发现。导致它们数量骤减的原因据说是“鸟类疟疾”，而将携带有鸟类疟疾的病原体的珠颈斑鸠（鸟），以及传播疾病的致乏库蚊（蚊）带上岛的，是人类的船只。可以认为，拉奈孤鸫由于对这种疾病没有免疫力，于是在相继感染之后，最终全部死亡。

前寒武纪	古生代						中生代			新生代		
	寒武纪	奥陶纪	志留纪	泥盆纪	石炭纪	二叠纪	三叠纪	侏罗纪	白垩纪	古近纪	新近纪	第四纪

树苗遭抢食，灭绝

客人，您好！您还要吃吗？不是，植物并不专属于哪位所有，您可以尽情地吃个够。不过，怎么说呢……凡事总要有个限度，您说呢？

这个……有句话不知道当讲不当讲，**最近由于客人们过多地食用植物，导致泥土裸露，很容易被风刮跑，使地面看上去好像被削薄了一层。**

这样一来呢，对于我们这些在落叶下面或者泥土中生活的族群来说，就等于失去了躲藏的地方，说实话，这让我们觉得很难办啊！

另外，各位客人专挑刚刚发芽的树苗食用，也很让人为难啊！**因为这样一来，新树木就无法生长，于是森林面积就会越来越小，最后这一片土地就会变得像沙漠一样。**您说是不是呢？一旦变成那样，我们别说做生意了，连这一生都要终结了吧——我也就是说来让您乐呵乐呵。（笑）

那个——您在听吗？

顾客①穴兔
顾客②山羊
吃上瘾了
吃得津津有味
不顾一切地大吃大嚼
马后炮
不应该钻进土里，而应该潜入海中，您说呢？

毛里求斯蚺蛇

灭绝时间	1974 年
物种分类	爬行类
体形大小	全长 1 m
栖息地	龙德岛
食物	蜥蜴

毛里求斯蚺（rán）蛇是仅在毛里求斯的龙德岛栖息的无毒蛇。它们似乎生活在长有瓶状棕榈及露兜树的森林中，就潜藏在这两种树的落叶底下，以摄食蜥蜴等小动物为生。但是，进入 18 世纪后，人类移居到了这座在这之前连哺乳类都没有的无人岛上，开始在岛上放养供自己食用的山羊和穴兔，于是，岛上的植物相继被吃光，毛里求斯蚺蛇失去了赖以栖息的森林，也就灭绝了。

前寒武纪	古生代						中生代			新生代		
	寒武纪	奥陶纪	志留纪	泥盆纪	石炭纪	二叠纪	三叠纪	侏罗纪	白垩纪	古近纪	新近纪	第四纪

只知道啄朽木找虫吃，灭绝

夫 啊！我又找到幼虫啦！

妻 哟！今天可真走运啊！

夫 这个嘛——谁叫我就是搜寻幼虫的专家呢！

妻 你呀——一夸你就飘飘然了。

夫 果然还是应该像我这样，**用短喙先在树上挖一个洞，这样效率更高！**

妻 像你那样叫用蛮力蛮干。你看，像我这样，**用长长的喙插入树木的缝隙间，这才叫优雅呢！**

夫 怎么说着说着还急了？别急，幼虫要多少有多少。

妻 没了。

夫 你说什么？

妻 幼虫已经没了。人类已经把这片森林改造成了草场。**幼虫躲藏的朽木也快要没了。**

夫 啊……这样啊！

妻 后悔死我了。早知道不跟你吵架了，夫妻同心的话，没准早就把吃饭的方式给改过来了。

夫 嗯！

妻 就算愿意花点时间去演化，可生命说结束就结束，也就是那么一瞬间的事……

夫 幼虫……分你一半吧。

灭绝时间	1907 年
物种分类	鸟类
体形大小	全长 50 cm
栖息地	新西兰
食物	昆虫

马后炮
大难临头夫妻分开飞，
什么食物都吃一点，
没准还能找到幸福。

兼嘴垂耳鸦是唯一一种雄鸟和雌鸟的鸟喙形状差别非常大的鸟类，雄鸟和雌鸟似乎是根据各自的鸟喙形状，用不同的方式来捕食藏在朽木中的天牛幼虫等昆虫。因此，即便成双成对地生活在一起，它们应该也不用相互争抢虫子。但是，进入 19 世纪后，人类移民来到了新西兰，他们慢慢地把森林改造成了草场，这样一来，朽木和虫子都随之变少，它们好像也就灭绝了。

别以为我们就只是行道树

秋天的街头 黄色的叶子 一排又一排
你眼中看见 满树黄叶 以为这就是我
我却希望你明白 我来 是为了和你相遇
我从有恐龙的中生代走来
穿越时空 容貌不曾更改

别说 请不要说 说我一点也不可爱
秋天到 一排排银杏树 发出臭味难忍耐
我从来不否认
那是我掉落的银杏在腐败
可是我有美丽的叶子

我愿用一片一片叶子 叩开你的心扉

从出生的那一刻 我就在寻找 生命中的另一棵
植物天生一体双性 雌雄同株 莫道是寻常
你可知 我们银杏 雌是雌 雄是雄 遥相望
树海茫茫难将就 只为找到那一棵
我的心事 你可知

银杏啊银杏
松树 铁树 同样的裸子植物
松树有 540 种
铁树有 300 种
你可知 银杏世上唯有一种
再也别说 请不要说
我们就只是行道树

银杏

物种分类	银杏类
体形大小	树高 30 m
栖息地	中国 ※ 在日本及美国等地也有栽种
食物	光合作用
活化石珍稀度	★★★

五花八门话濒危

濒危物种正处在生死存亡的紧要关头，

是让种族得到延续，还是走向灭绝？

尽管导致它们濒临灭绝的原因多种多样，

但是，现在补救也许还来得及。

那么，对于这个问题，你是怎么想的呢？

生存太艰难，濒危

虎鲸盯上了我们的肉

人类盯上了我们的皮毛

一旦偷懒不理毛，海水就会渗进皮肤里

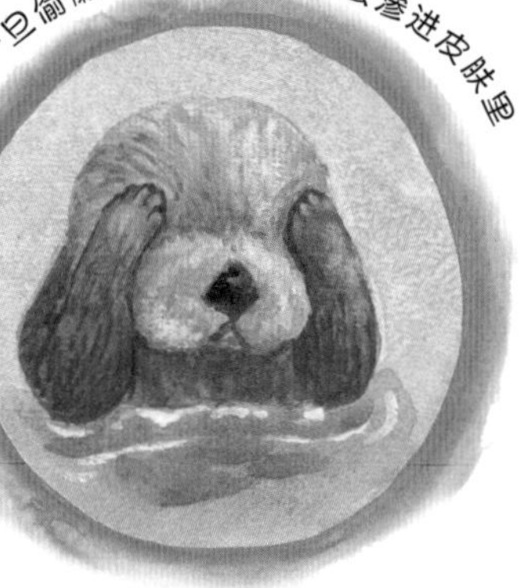

海獭

海獭过得可辛苦了

老夫我生在太平洋，长在太平洋，冰冷的海水是我出生后第一次洗澡的洗澡水。老夫属于鼬科水獭亚科，人称“濒危物种海獭”。

请看看老夫这身毛的密度！全身上下有着多达 8 亿根的体毛，这身皮毛令老夫引以为傲！有了它，哪怕置身冰冷的海水中，老夫也觉得浑身暖洋洋的。可就因为它实在是上等佳品，人类于是一天到晚想方设法地猎捕我们，**我们原先还有 30 万只，有段时间却竟然眼看着就要灭绝了。**

这下人类慌了，说这可不行，于是急忙着手保护我们，**但是在阿拉斯加，虎鲸追着我们一口一个吃得那叫一个欢！**那些家伙原先捕食鲸鱼，没承想被人类抢了食，饿得受不了，这才盯上了我们这一点可怜的肉。

说着说着想起来了，**1989 年，油轮泄漏重油，直害得老夫 6000 只的同伴命丧黄泉。**世道不好，坏事连连，老夫也发愁啊！

4

濒危等级	
物种分类	哺乳类
体形大小	体长 1.3 m
栖息地	北太平洋沿岸
食物	贝类、海胆

应对之策

老夫也只能祈求老天别让大海再进一步遭到污染啰！

海獭由于皮毛保温性能高，从 18 世纪中叶开始遭到滥捕滥杀。进入 20 世纪后，虽然人类开始实施保护，但依然有各种各样的厄运降临到它们头上。在阿拉斯加湾，漏进海里的重油污染了它们的皮毛，使皮毛丧失防水功能，导致它们大量死亡。在加利福尼亚，一种由寄生虫引发的传染病在它们中间广泛传播。另外，海獭很难实现人工繁殖，饲养它们的水族馆也正在减少。

藏头不藏尾，濒危

沟齿鼩

第 2 场

紧急关头发出“呜呜”的叫声

小剧场 沟齿鼩的失败

第 1 场　森林里的遭遇

狗，一声不吭地俯视着沟齿鼩（qú）。鼩，一脸惊恐，不由自主地向后退缩。

鼩 你、你是谁?！胆敢靠近我，就用毒牙咬死你！

第 2 场　逃跑

沟齿鼩在森林中拼命地逃命，在它身后，狗紧追不舍。

鼩（不会吧……那家伙看来一点都不害怕！还有，这块头也太大了！自从不久前人类来到岛上以后，就常常碰到危险的动物。真是麻烦透顶！）

第 3 场　孤注一掷

沟齿鼩跑累了，停下脚步，它下定决心后大喊了一声。

鼩　逃不掉就躲起来！

沟齿鼩一头钻进岩洞中，屁股却整个儿露在外面。

※ 摄像机

给裸露的屁股一个特写。舞台暗转。

※ 独白

后来，再也没有人见到过沟齿鼩的身影……

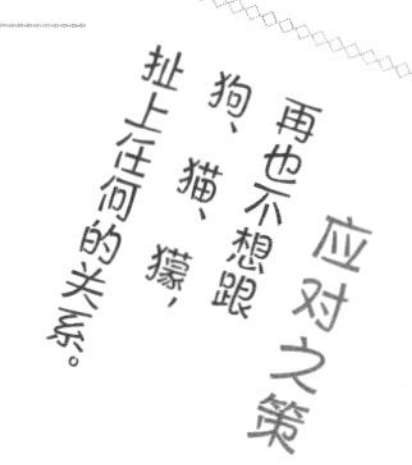
应对之策
再也不想跟
狗、猫、獴，
扯上任何的关系。

濒危等级	4
物种分类	哺乳类
体形大小	体长 30 cm
栖息地	古巴岛、海地岛
食物	昆虫、蚯蚓

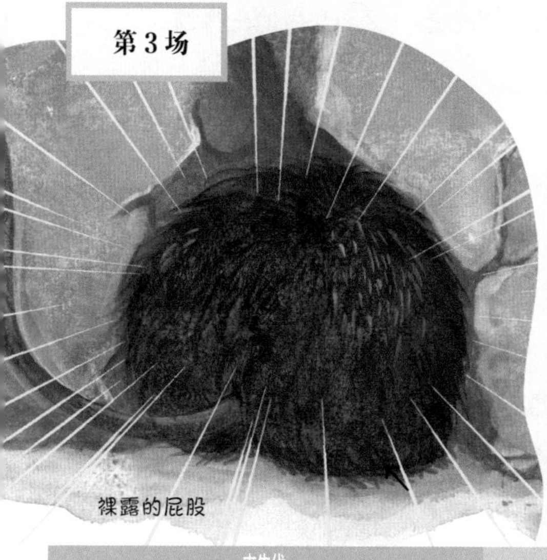
第 3 场

裸露的屁股

沟齿鼩仅在加勒比海中的古巴岛与海地岛上栖息，是世界上最大的鼩鼱（qú jīng）的近亲。它们的体形之所以能长到这么大，大概是因为岛上没有食肉兽存在。然而，狗、猫和獴跟随人类来到了岛上，开始袭击它们。为了应对敌害，沟齿鼩虽然也发明出了“把头钻进洞中”“呜呜叫”“释放臭液”等防御手段，可惜全都不怎么有效，因此，它们最终被逼到了濒临灭绝的困境。

冰柜的性能得到改善，濒危

喂！叫你呢！那个正在心不在焉地看这本书的人！**让你的身体再热一点！**只要身体再热一点，就能像我一样，在冰冷的海水里面也能嗖嗖地游！我努力尝试了，并且实现了在水中也能保持体温的演化。你呢？你怎么样？**你什么时候才能放弃观众的心态，成为人生的一名选手?!**

我也会遇到特别艰难的时刻，因为这身体的原因，一上陆地，我的体温就会上升得过高。**我没法让热量散发到体外去，所以体温最高能达到 80℃左右。**结果，身体很快腐败，都说我的肉难吃得连猫都不愿吃。可是那又怎么样！想想过去？想想未来？不对吧？重要的是现在！

没错，时代一变，人也跟着变了！现在，我一被钓上去，就立刻被放进零下 60℃的冰柜冷冻起来。所以，人类都开始吃我，纷纷赞美我的肉好吃！拜他们所赐，我们就快要灭绝了！

太平洋蓝鳍金枪鱼

过去用酱油腌渍后保存，直接拿来用作寿司的材料，现在

应对之策
只要躲起来生活，别老爱出风头……不行，我可办不到！

濒危等级	2
物种分类	硬骨鱼类
体形大小	全长 3 m
栖息地	太平洋、大西洋
食物	鱼、甲壳类

太平洋蓝鳍金枪鱼既有能够快速游动的一面，也有不游动就无法呼吸的弱点。所以，为了防止在冰冷的海水中因为身体变冷而导致动作迟钝，它们大概就演化出了保持高体温的身体机能。然而，它们却并不擅长降低体温，一旦离开水，就仿佛被放入了锅中炖煮。因此，它们过去曾经被认为是容易腐败、味道不好的鱼。但在瞬冷冻技术得到发展以后，它们就成为人类的日常美食，濒临灭绝。

鳞片适得其反，濒危

穿山甲

猛咬一口

鳞片是由毛变化而来的角质板

狮子也傻眼了

穿山甲的秘密日记（不许偷看！）

9月2日（晴）

狮子今天也来了。这已经是第三次了。我把身体蜷缩起来，它张开血盆大口狠狠地咬我，我一点也没有感觉到疼痛。我的鳞片是非常坚硬的！

9月5日（阴）

今天，我吃了两万只白蚁。真是美好的一天！

9月6日（晴）

今天，就在我打算像平时一样去吃白蚁的时候，我看见人类靠近，于是蜷缩了起来。当我心里还在想着他居然不打我的时候，没想到身体突然就被拎了起来。这是准备把我带到哪里去？

9月8日（？）

我被关在卡车的后面，现在正在偷偷写日记。司机在说“看起来味道不错”，还说“拿鳞片做一件防弹背心”。我不清楚他要对我做什么，但是，只要把身体蜷缩起来，就肯定没问题吧？

濒危等级	3
物种分类	哺乳类
体形大小	体长 80 cm
栖息地	亚洲、非洲
食物	蚂蚁、白蚁

应对之策

当我蜷缩成一团的时候，希望能对我视而不见。

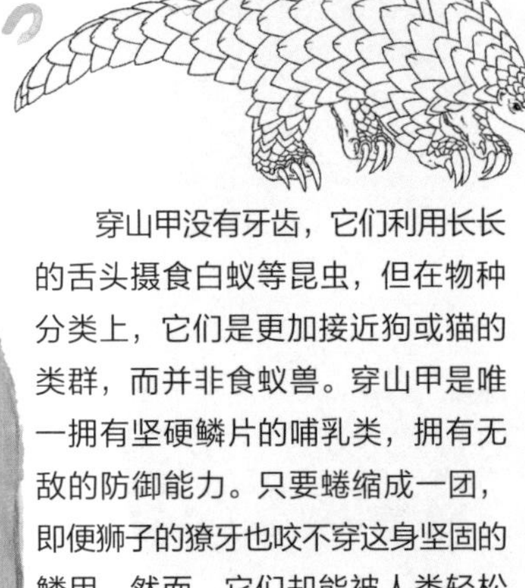

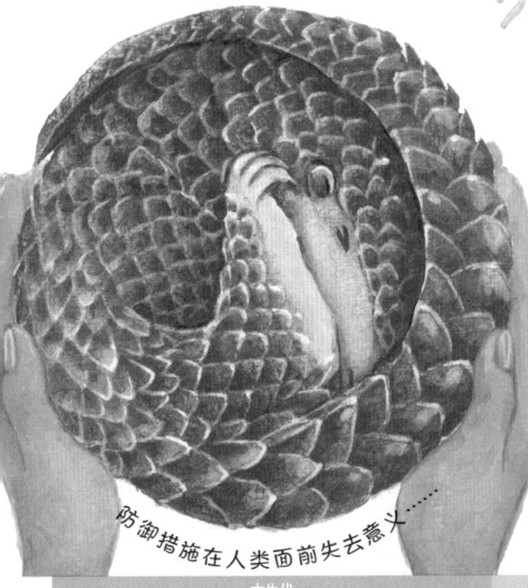

防御措施在人类面前失去意义……

穿山甲没有牙齿，它们利用长长的舌头摄食白蚁等昆虫，但在物种分类上，它们是更加接近狗或猫的类群，而并非食蚁兽。穿山甲是唯一拥有坚硬鳞片的哺乳类，拥有无敌的防御能力。只要蜷缩成一团，即便狮子的獠牙也咬不穿这身坚固的鳞甲。然而，它们却能被人类轻松捕获。中国曾经存在将穿山甲的鳞片入药，吃穿山甲肉的习惯，甚至一度从非洲走私，导致它们的数量骤减。

能说会道，濒危

智商和5岁的幼儿差不多

早上好

是荷兰人把我带到了日本

非洲灰鹦鹉

大家好！本宝宝正是有着“西洋鹦鹉”之称的非洲灰鹦鹉！

事先声明，本宝宝的祖籍并不是西洋，而是非洲中部的森林。另外，本宝宝也不属于凤头鹦鹉科。其实是鹦鹉科的成员。怎么样，好像没有一条信息和你认为的对得上？很难过吧？

啊！不过，宝宝的几十代以前的祖先曾经在古罗马的上流社会大受欢迎！据说这位祖先向罗马皇帝问了一声好，因此就得到了表扬。宝宝也爱皇帝！

怎么样，这不正说明宝宝遗传了聪明的头脑，而且能说会道？另外，宝宝我还能模仿动物的叫声，这可是宝宝的拿手好戏，人类别说不会对我不理不睬了，打从 20 世纪后半叶起，本宝宝的家族人气暴涨，越来越多的人说想要把我们当宠物养！

都怪他们，人类开始疯狂地偷猎，结果，住在加纳的伙伴大大减少，据说只剩下了不到 10％的家族成员。宝宝真想放声大哭啊！

濒危等级	3
物种分类	鸟类
体形大小	全长 30cm
栖息地	非洲中部
食物	果实

应对之策

一句话，真喜欢本宝宝的家族成员，对我们的需求就不要过度。

非洲灰鹦鹉是栖息在非洲中部森林的鹦形目成员。由于它们擅长模仿人类的语言，在欧洲，它们很早以前就非常受欢迎。它们受欢迎的原因还有喜欢结群生活，愿意与人类交流，寿命也长达 50 年。虽然借助人类的手也能使它们增加个体数量，但只要有需求的人特别多，栖息地的猎捕行为也会随之增加。尽管严禁国际交易行为，偷猎却不曾断绝，所以让人担心它们终究会灭绝。

前寒武纪	古生代						中生代			新生代		
	寒武纪	奥陶纪	志留纪	泥盆纪	石炭纪	二叠纪	三叠纪	侏罗纪	白垩纪	古近纪	新近纪	第四纪

袋獾

癌症会传染，濒危

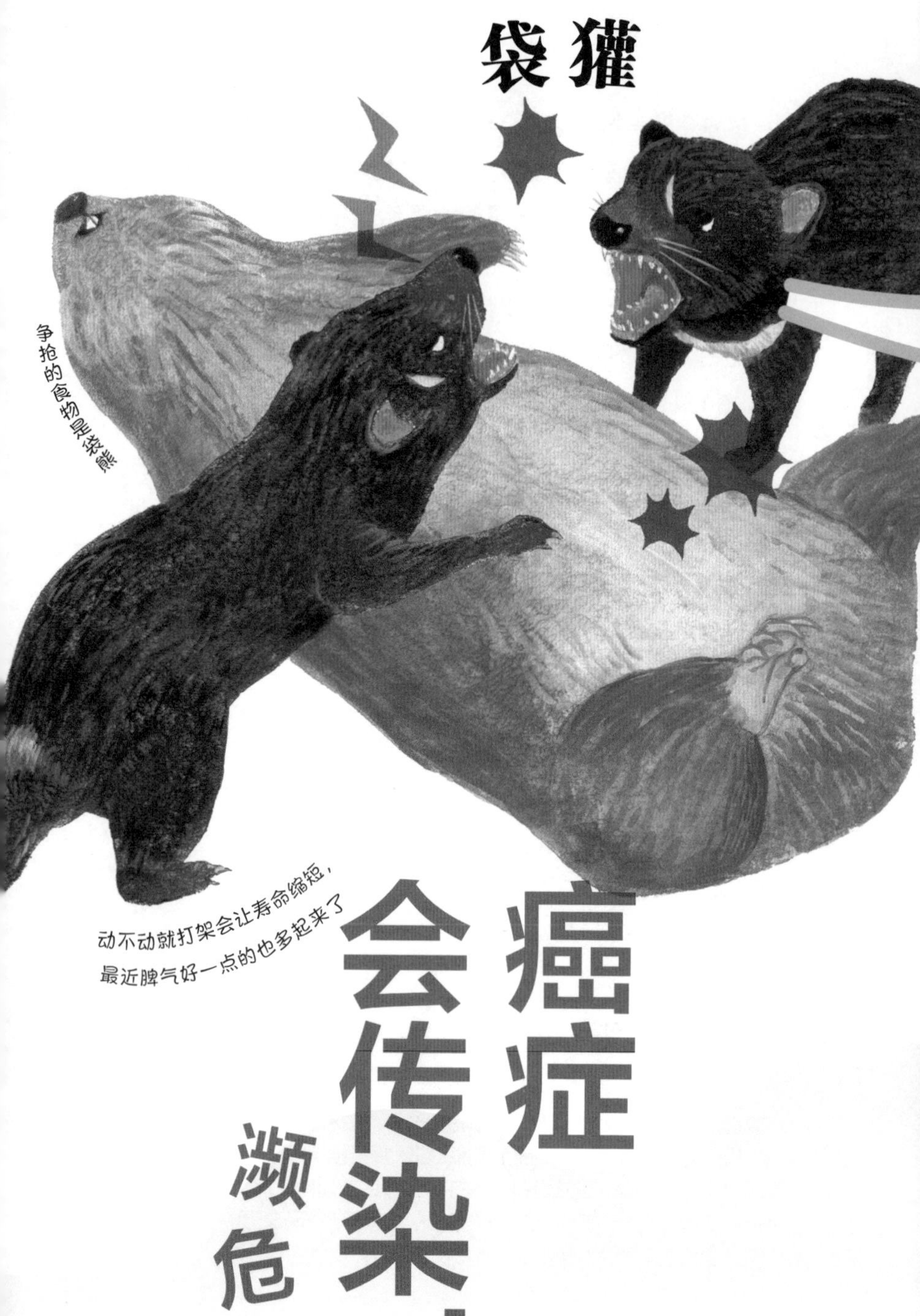

争抢的食物是袋熊
动不动就打架会让寿命缩短，
最近脾气好一点的也多起来了

20××年。在大洋洲的塔斯马尼亚岛，一场袋獾之间以血洗血的惨烈战斗已经打响！

你、你小子！

呼哈哈哈！终于被我咬破脸啦！见血啦！

哼，这算什么攻击？你小子够天真的啊！

你小子才天真呢！你以为我的獠牙，就只是一般的獠牙吗？！

难道说你、你这该死的东西……得了“袋獾癌”？！

你说对了。一旦被我咬了，在我肉体里搭窝的癌细胞，就会钻进对方的伤口，进入它的血液中。**袋獾癌从此在被我咬伤的对方体内不断扩散，它不出半年就要死翘翘啦！！**

哼！我本来就出生在邪恶的星光下，一生注定围绕食物和雌獾不停战斗，并且誓要血战到底，矢志不渝！**什么平静的日子，早就丢进巴斯海峡了！**

那好，再来！今天不是你死，就是我亡！

袋獾们就这样鏖战不止！

应对之策

要是脾气温和的家伙能再多一点的话，没准能迎来和平！

濒危等级	3
物种分类	哺乳类
体形大小	体长 60 cm
栖息地	塔斯马尼亚岛
食物	动物尸体、蜥蜴、鸟

袋獾是仅在澳大利亚的塔斯马尼亚岛上栖息的、全世界最大的食肉有袋类动物。它们的攻击性非常强，同伴之间会围绕尸体展开血淋淋的争抢。另外，在繁殖期，雄獾和雌獾也会相互撕咬，在交尾的过程中弄得浑身是血。因此，1996 年，当“袋獾面部肿瘤病”——癌细胞从伤口进入后便会引发感染——一出现，转瞬间便扩散开来，袋獾从此陷入濒临灭绝的危机。

冰块越来越少，濒危北极熊

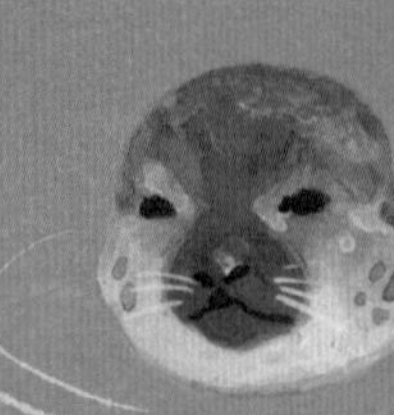

看着近，
其实离得很远

孤零零

哎呀，冰都融化到这里了？掉进海里是迟早的问题了！

我说啊——这“地球温暖化”的衡量标准会不会定得太高了点儿？**冰块再这样融化下去，我可就真的没法捕获海豹了啊！**

看到我这大块头，想必你也就明白了，我的角色设定是拥有“一招制敌”的能力。**趁着海豹正在照顾幼崽，悄没声儿地靠近它，“狠狠地揍它一拳”，或者“猛地一口咬住它”，都是我们的一贯招式。**还有就是“伏击”这个有点阴险狡诈的招数了。我就一动不动、屏气凝神地待在冰块的裂缝边上，**等海豹把头钻出海面换气的一刹那，狠狠一拳挥过去！**

唉！再怎么说也没用，总之，没有特别厚的冰块，我连靠近海豹的办法都没有啊！所以在整个夏天，我基本上没吃什么东西，体力也跟着下降了。没想到都到冬天了，冰块也结不起来。冰块结不起来就没法狩猎，这也太过分了吧！

应对之策
十万火急！真心拜托大神调整生态平衡，别让温室效应加剧！

2

濒危等级	
物种分类	哺乳类
体形大小	体长 2.2 m
栖息地	北极圈及其周边地区
食物	海豹

大约 15 万年前，北极熊与棕熊由共同的祖先演化而来，其中北极熊适应了更加寒冷的环境。它们属于熊科动物中肉食性最强的一种熊，主要捕食海豹。由于狩猎需要在北冰洋的冰上进行，所以在冰块融化的夏天，它们无法进行狩猎，几乎处于绝食状态。近年来，随着温室效应的加剧，地球气温升高，海面结冰的季节变短了，越来越多的北极熊饿得瘦骨嶙峋，因而死亡。

森林起火，濒危

树袋熊新闻24小时滚动播报

各位观众，请跟随我来到澳大利亚的火灾现场。我们现在关心的是，此次灾情的波及面有多大，究竟严重到何等程度。

2019 年 9 月，澳大利亚的森林发生了一场大规模火灾。据有关人士透露，大火直至 2020 年 2 月才终于熄灭，整整燃烧了 5 个月，烧毁了大约 1860 万公顷的森林和草原，相当于日本国土面积的一半。火灾规模之大可见一斑！

现场有一片密集生长的桉树林，桉树含有丰富的油脂，极易燃烧，常常引发火灾。在澳大利亚，森林起火本来并不罕见，然而非常遗憾，2019 年夏天，澳大利亚迎来史无前例的酷暑，空气又极端干燥——这两点也被认为是火灾蔓延扩大的原因。

在此次火灾中，有 8000 只栖息在森林中的树袋熊丧生。另据推测，林中超过 10 亿只的野生动物被夺去了生命。祈求上苍让这片深受重创的森林早一刻恢复生机！

树袋熊

只吃桉树的叶子
北半球和南半球的季节是相反的
4
一言以蔽之，随时随地都应该『小心火烛』！
应对之策

濒危等级	
物种分类	哺乳类
体形大小	体长 70 cm
栖息地	澳大利亚东部
食物	桉树叶

树袋熊栖息的地方位于澳大利亚极其有限的范围内，那里生长着它们的主食——桉树。说到底，澳大利亚是一块干旱的大陆，因为它基本上是一片树木难以生长的沙漠。气候干旱，外加桉树含有大量油脂，因此，非常容易发生自然火灾，2019 年至 2020 年更是发生了大范围火灾。仅有的几万只树袋熊的栖息地被烧毁了，人类开始担心它们从此灭绝。

兄 喂！说你呢！站住！

弟 来我们家有何贵干！

兄 **你小子……莫非是牛？还是牛的同类？！**

弟 不对，哥哥，这家伙怎么看都好像是人类。

兄 原来是人类啊……**别看我们的外貌长成这样，我们可是尊贵的牛科牛亚科牛族的后裔。也就是说，我们是纯粹的牛！**然而我们为什么又这么憎恨牛呢，你小子知道吗？！

弟 你说话太绕啦，哥哥。

濒危

在被人类发现之前就已经濒危

中南大羚

兄 因为我们输给了牛。过去，我们的祖先在同牛的战争中打输了，被它们赶到了山上。

弟 打那以来，我们就再也没有办法下到平地上……就只能沿着山梁勉勉强强地过日子。

兄 但是！正因为这样，我们活到现在都没被人类发现。这也是事实！

弟 **哎呀，哥哥，快别说啦！此时此刻站在我们眼前的就是人类啊！**

濒危等级	5
物种分类	哺乳类
体形大小	体长 1.8 m
栖息地	老挝、越南
食物	树叶

应对之策

从今往后，也只好在这里深居简出吧。

体态纤细苗条

人类发现中南大羚是在 1992 年。至于在那之前为什么没有发现，是因为它们的栖息地位于越南与老挝的国境线、海拔超过 2000 m 的山梁上，是人迹罕至的秘境。究其原因，恐怕是因为中南大羚的祖先在同其他食草兽的竞争中落败，被驱赶到了深山老林里，后来又很偶然地走进了没有天敌，也没有人类的这片秘境，从此在那里勉勉强强幸存到今天的缘故吧。

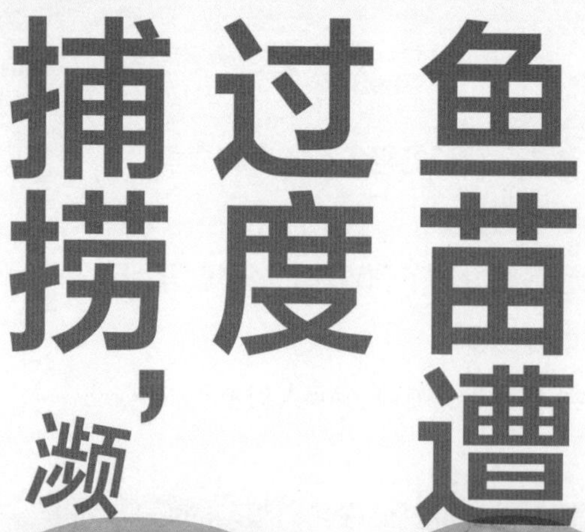

鱼苗遭过度捕捞，濒危

日本

成鱼

鱼苗（白洲鳗）

日本鳗鲡

我的一辈子

出生在
马里亚纳海沟

幼鱼（叶状幼体）

鱼卵

关岛

菲律宾

这回我要向大家介绍我的一生！**我出生在关岛附近的马里亚纳海沟！**从鱼卵里刚刚孵化出来的时候，我是透明的。这个时候，我的主食是海雪。海雪真好吃！（名字真好听♥虽然其实是浮游生物的尸体）**在吃了很多很多海雪以后，就能变态成为白洲鳗。**

然后继续随着波浪起起伏伏、摇摇荡荡，到达日本附近。在这里，人类登场了。有将近 100 t 的同伴被渔船打捞了上去……被捕获的同伴，**会被人类饲养到长大，然后再被吃掉。**（人类都特别喜欢吃我们，还做成“蒲烧鳗鱼”💦）

侥幸逃过一劫的同伴，继续不停地逆流而上。**从这个时候开始，我们的身体会变成黑色，变得更像一条鳗鱼了**（大家知道吗，这是为了防止内脏受到紫外线的伤害）。然后，我们继续在河流或者湖泊里生活，花上 5 到 10 年，耐心等待自己长成真正的成鱼。

接下来，就是再一次返回海里产卵，一辈子到此结束！

濒危等级	3
物种分类	硬骨鱼类
体形大小	全长 1 m
栖息地	西太平洋
食物	鱼、甲壳类

应对之策

不要光想着吃我们，起码得让我们先产卵吧！

在鳗鱼的养殖过程中，人们是首先把准备沿河道逆流而上的鱼苗（白洲鳗）打捞上岸，然后人工饲养到成鱼。在成为鱼苗之前，鳗鱼特别难培育，就目前来说，要想全程养殖，需要耗费大量的资金。现在，日本鳗鲡的鱼苗由于数量减少，以至于鱼苗价格暴涨，东亚的各个国家都在争相捕捞。话说回来，如果总是在产卵之前就被吃掉，那么数量理所当然会持续减少，不是吗？

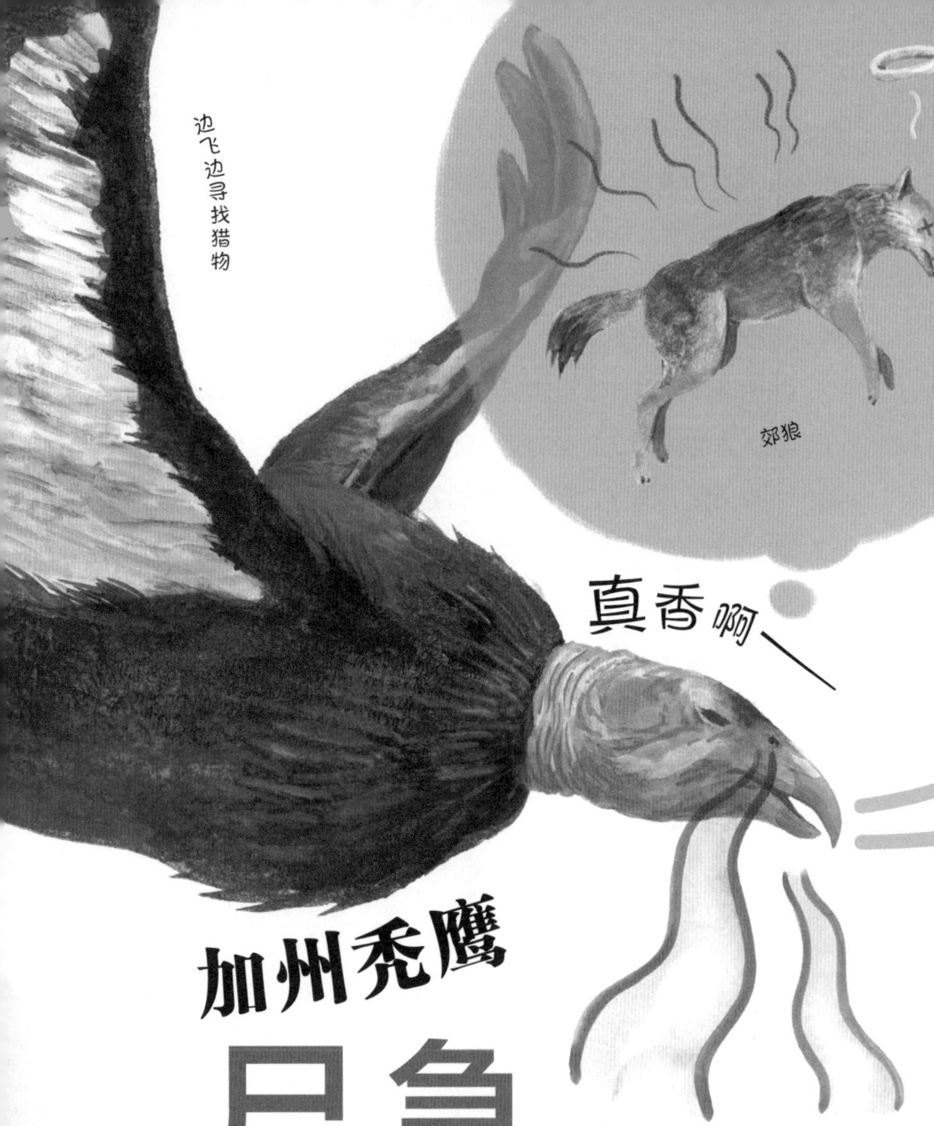

加州秃鹰

急于吃尸体，濒危

哈！我明白啦！这种野兽的气味是郊狼的尸体发出来的。它就躺在从这里往北 2 km 的地面上。这边也有肉的味道，就混在隐隐约约能闻到的泥土和叶子的香味当中……那是地松鼠吧。它就死在 4 km 以东的旱田附近。

下界的任何事情我都能看得一清二楚。不过我不是真的用眼睛去看，而是凭感觉。我的鼻子非常灵敏，连 10 km 远的地方的尸体，我都能闻见它的味道。活的我不感兴趣。

而且只要我张开翅膀乘风飞翔，离得再远，我也能在眨眼间飞到那里。**拼了命跑过来想要大吃一顿的大灰狼、郊狼，真是对不起了，请原谅我每回总是抢在你们前头把肉给吃了。**

不过最近，鸟的尸体里面很多都有像是铅弹一样的东西，难吃得很啊。还有，有时候吃了牧场旁边地上的肉，总觉得身体不舒服。**不会吧……肉里面是被下毒了吗？！**

请问，毒药散发的气味是什么样的？

应对之策

5

濒危等级	
物种分类	鸟类
体形大小	全长 1.3 m
栖息地	北美洲
食物	动物尸体

加州秃鹰是世界上最大的猛禽类，它们根据气味寻找并摄食动物尸体。它们除了吃下人类为驱除害兽而放置的毒诱饵外，还摄食死于毒药的动物肉，因此大量死亡。另外，它们在吃被枪射杀的动物时，会连留在尸体内的铅弹一起吃下去，导致铅中毒，这也是它们减少的原因之一。有段时间，加州秃鹰的野生个体已经全部消失，后来通过人工繁殖，数量才逐渐有所增加，有一部分还被放归到了野外。

过于适应沙漠，濒危

抱歉抱歉，野生单峰驼已经灭绝了哦！早在 2000 年以前，人类就对我们给予了特别高的评价。**今天的我们仅仅是人类饲养的家畜而已。**

过去，因为没有什么汽车，想要穿越沙漠可是得豁出性命去的，于是我们就得到了重用。**不管怎么说，我们不仅一路不需要喝水，能背负 100 kg 的行李，而且日行 30 km。**在沙漠里，千里马可比不上我们。

浑身没劲儿……

单峰驼

不过，有时候我们也需要一口气喝下 200 L 的水。我们可以让身体组织吸饱水，还可以利用特定的器官“储备”水。另外，驼峰里面积存着足够的脂肪，这些脂肪分解以后，就能转变成能量了。总之，有备无患。啊，还有，我们还有又长又密的两排眼睫毛，鼻孔还能够完全闭合。所以，沙尘暴，你只管来吧，我们无所畏惧！

我们这样的“沙漠之舟”实在太便利了，所以才被狩猎殆尽。

应对之策

能力太高强，等着你的也不全是好事啊！

驼峰内的脂肪一旦分解，驼峰就会变小

1

濒危等级	
物种分类	哺乳类
体形大小	肩高 1.9 m
栖息地	西亚、东非 ※ 作为外来生物分布于澳大利亚
食物	草

在全球范围内，有超过 1300 万匹的单峰驼被人类驯养。既然这样，那为什么要在这里专门介绍呢？因为野生单峰驼早在大约 2000 年以前就已经被人类狩猎殆尽，已经灭绝了。但是在澳大利亚，被人类带过去的单峰驼逃进没有天敌的沙漠中，大量繁殖起来。尽管如此，由于那里并不是它们本来的栖息地，所以单峰驼至今仍然是“野生驼已灭绝”的状态。

灭绝，此刻正在发生

各位观众朋友，大家好！敬请原谅我台临时改变节目安排。接下来播出的是向您传递地球动态的《地球今日新闻》栏目。

哎——在这之前，各位朋友都读过有关濒临灭绝的生物，也就是“濒危物种”的章节，但是我想，恐怕还是会有朋友表示自己“其实对濒危物种并不是特别了解”。

那位朋友可能要说了，说我替他说出了心声，哈哈。不过，真的完全没关系！因为我，怀星仁，将诚心诚意地向您报道此时此刻正在发生的真实情况！正是有关“濒危物种”的一些信息。

首先希望您了解的是，“灭绝事件”并不全都发生在遥远的过去。20 世纪也有不少生物灭绝。

另外，目前正处于灭绝边缘的生物，仅仅就调查的结果来看，就多达 3 万种以上！

地球今日新闻

通讯报道

濒危物种

外星驻地球记者
怀星仁

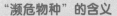

说来说去……

什么是濒危物种？

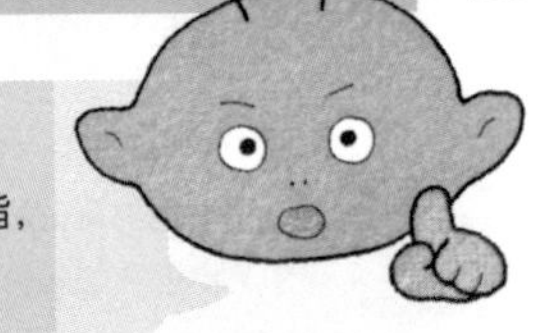

“濒危物种”的含义

简单来说，“濒危物种”指的就是“存在着灭绝危险的生物”。也就是指，那些在野生状态下很难留下子孙，处境岌岌可危的生物。

什么叫处境岌岌可危！

1 数量稀少

就拿大型动物来说，据说一旦少于 10 万头，大型动物就很难维持种群的延续。虽然 10 万在我们看来已经是相当大的一个数字了，但是，大型动物分散生活在相当广大的范围内，想要留下子孙，首先就需要存在许许多多的个体。

据说北极熊目前有 2 万到 3 万只，我们总觉得还挺多的……
30 万倍

再一想，人类共有 78 亿，顿时觉得它们少得可怜！

2 数量骤减

还有一些生物，即使数量多于 10 万头，但却在短时间内急剧减少，这就说明它们很有可能正处在某种巨大的危险之中。

人类在 20 世纪 70 至 80 年代以索取象牙为目的，对非洲象进行大肆猎杀，导致它们的数量骤减到四分之一以下！
270 万头

十余年后
62 万头

3 已经不在原来的环境中生存

某种生物原来的栖息地发生改变，或者只有在动物园等饲养机构才能见到，那么它们也是濒危物种。

我们只待在动物园里。

如今待的湖泊跟原来的不是同一个。

弯角剑羚 或 秋田大马哈鱼 等等

那么请问……

由谁来认定哪种生物属于濒危物种呢？

据说判定的标准是，根据调查，

· 是否拥有能够保证种群存续的个体数量；

· 可供栖息的环境是否不曾改变。

对濒危物种进行调查的不同国家或机构，最后会根据调查结果给出各种不同濒危等级的名录，从中可以看出某种生物的灭绝危险系数有多高。

举个例子……

红色名录（IUCN）

由世界自然保护联盟（IUCN）制作的存在灭绝危险的野生生物名单。从已经灭绝的物种开始，一直到灭绝危险系数低的物种，共计 11 万种以上，按照濒危标准分别列入 9 份名录。

红色名录（日本环境省）

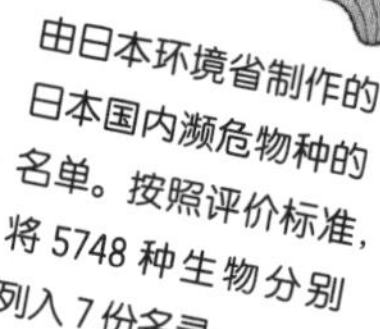

由日本环境省制作的日本国内濒危物种的名单。按照评价标准，将 5748 种生物分别列入 7 份名录。

不过，红色名录不具有强制力！

红色名录说到底只是表明灭绝危险系数的名录。**它是一个起点，为人们决定应该对哪种生物实施怎样的保护措施提供参考。**顺便提一下，日本有一部保护濒危物种的法律，名为《文化财保护法》，将珍贵的生物及矿物，包括它们存在的地域，指定为自然纪念物，并加以保护。

这样一来就算灭绝

以动物为例，**假如 50 年以上无法确认**它们活着的证据，那么就视为“已灭绝”。

※ 本书介绍的濒危生物，就来自 IUCN 的名录中认为灭绝危险系数尤其高的 3 万种以上的生物，并在介绍时特别加上了“濒危等级”。

好了！各位观众朋友，以上向您简要地介绍了有关“濒危物种”的一些信息，怎么样，您有所了解了吗？

最后想要告诉各位的是，至今仍然有许许多多的生物在不断灭绝。这也是客观事实。

人类对于富足生活的追求越是无止境，人类的活动带给环境和其他生物的影响就越大。所以，人类需要忍耐，需要在某个地方画一条线，作为追求的极限，要不然，生物灭绝的趋势恐怕不会停止。

各位观众，您认为这条线应该画在哪里呢？虽然这是一个没有正确答案的难题，但是我相信，聪明如您，早晚有一天能够给出答案。

地球
以上就是
本次现场报道的
全部内容。

其实你不懂鳄雀鳝的心

Um……宝贝 你是最好的女孩
我已经爱上你 我是鳄雀鳝
二叠纪出生的古代鱼

人人羡慕 如此庞大身躯
3 m 长 不输湖泊与河川 只想展现给你看
细长的嘴 尖锐的牙 简直就像鳄鱼一样

可你视线的前方 为何总是那小小海水鱼
你从不把一丝余光瞥向 我这大大淡水鱼

人人敬畏 如此伟岸身躯
鳞片厚厚硬硬 仿佛铠甲身上披
可惜你不懂我的魅力

你一天到晚想着那个他
身体轻盈 泳姿优雅
裹着薄薄鱼鳞 时下的小海鱼
厚重鳞片阻挡我前进 不能逆流而上把你追寻
所以你不懂我的心

我的伙伴曾经遍天下
而今只剩可怜的 7 种
我的身 我的心 快要窒息
渴望你对我露出笑容
一次就足够

鳄雀鳝

物种分类	硬骨鱼类
体形大小	全长 3 m
栖息地	北美洲南部
食物	鱼、鸟、乌龟
活化石珍稀度	★☆☆

5 以为已经灭绝……不承想幸存至今

俗话说得好，“世事无绝对。”
归根结底，我们人类并不能
对世界上的一切了如指掌。
我们以为理所当然已经灭绝的物种，
说不定仍然还有一些幸存者。

粪便被夺走，疑似灭绝……幸存至今

查氏裸背果蝠

因为背上没有毛，所以名字中有『裸背』这两个字

人类竟然想要我们的粪便

粪便 →

弟 喂，姐姐！人类又上我们洞里来了！看样子是打算来吃我们了！

姐 **嘘！那些家伙想要的不是肉……是我们的“粪便”！**

弟 粪便？他们难道要把我们的粪便拿去吃吗？！

姐 不是，粪便他们是肯定吃不下去的。我们的粪便会成为他们栽培农作物的肥料。人类把森林改造成了田地，夺走了我们喜欢吃的树上的果实，这还不算，**他们居然还要抢走我们的粪便来肥田，要让他们的甘蔗长得又粗又长！**

弟 他、他们凭什么为所欲为！一群自私自利的家伙！

姐 都怪他们，我们的伙伴 1964 年以后就不见了踪影……人类以为我们整个种群已经灭绝了。

弟 **不过……家族里面还有幸存者吧？**

姐 没错，2001 年幸存者被发现了，就是我们。可是，只要人类继续砍伐森林，我们就没法安安心心地过好每一天。

幸存感言

希望人类把抢夺的东西限定在我们的粪便！

疑似灭绝时间	1964 年
重新发现时间	2001 年
物种分类	哺乳类
体形大小	体长 22 cm
栖息地	内格罗斯岛、宿务岛
食物	果实

查氏裸背果蝠是仅在菲律宾的内格罗斯岛和宿务岛栖息的大蝙蝠。它们不具备利用超声波探查周围动静的能力，在漆黑的环境中无法飞行，因此，光线照射得到的洞穴入口附近，似乎往往就有它们的巢穴。然而，人类为了获取它们的粪便做肥料，破坏了洞穴的天然条件，于是，它们渐渐销声匿迹，有段时间，人们还以为它们灭绝了，直到 2001 年才重新发现它们的踪迹。

前寒武纪	古生代						中生代			新生代		
	寒武纪	奥陶纪	志留纪	泥盆纪	石炭纪	二叠纪	三叠纪	侏罗纪	白垩纪	古近纪	新近纪	第四纪

湖泊干涸，

疑似灭绝……

幸存至今

人类大叫："原来你们还活着呀！"有什么好大惊小怪的？**可不就是你们人类自说自话地认为我们已经灭绝的吗？**我们可不就还活着吗？能不能请你们不要再自说自话地认为重新发现了我们，还表现出一副欢天喜地的模样？

说到底，把我们逼入绝境，让我们濒临灭绝的，还不就是你们人类吗？你们说什么"要给沙漠里的村庄送去饮用水"，然后修建了那么宽的水渠，甚至把周围的湿地都改造成农田，结果害得我们住的湖泊彻底干涸。

怎么说呢，退一万步讲，我们也明白的，一切都是为了生活啊！但是接下来发生的事情就看不懂了。**之前明明就是你们自己改变了环境，导致生物减少，现在却又要慌里慌张地打算来守护我们。**还指定了什么保护区，大喊口号说什么"让我们守护生物！"。

早知如此，何必当初？真是的，完全搞不懂你们人类到底想干什么。

幸存感言
谁稀罕你们找到我们？
没发现不是更好？

疑似灭绝时间	1955 年
重新发现时间	2011 年
物种分类	两栖类
体形大小	体长 8 cm
栖息地	以色列
食物	甲壳类等

胡拉油彩蛙在 1940 年被人类发现时就已经数量稀少，当时捕获的就只有 5 只。1951 年从约旦河向沙漠引水的工程开工以后，它们唯一的栖息地胡拉湖随之缩小。到了 1955 年，人类因为仅仅捕获了 1 只而以为它们已经灭绝。1963 年，胡拉湖及其周边地区被指定为自然保护区，湖周边的湿地环境渐渐得到恢复，因此也就有了 2011 年重新发现胡拉油彩蛙的新闻。

巴巴里狮

被人类狩猎殆尽，疑似灭绝……幸存至今

话说从前，北非广袤的大草原才是我们巴巴里狮的家。**相比其他地方的狮子，我们体形更大，黑色的鬣鬃随风招展，走起路来雄姿英发。**

但是，由于我们的栖息地靠近欧洲，所以从古罗马时代开始，我们就遭到了人类的狩猎与屠杀。人类历史发展到近代，发明了会喷火的“枪”，于是人类进一步对我们加紧了狩猎，还把这叫作兴趣爱好。人类的镜头最后一次捕捉到我们，是在 1927 年，从那以后，再也没有一个人见到过巴巴里狮的雄壮身姿……

然而世事总有意外，这个意外也许可以说是惊喜。**后来才知道，在被狩猎殆尽之前，摩洛哥的某个民族向国王献上了几头巴巴里狮，它们从此被饲养在王宫中。**今天，那些狮子的后代就生活在动物园里。

话说对于靠人类饲养而活着这一点，是否应该感到高兴呢？阁下又是怎么想的呢？

疑似灭绝时间	1927 年
重新发现时间	21 世纪初
物种分类	哺乳类
体形大小	体长 3 m
栖息地	非洲北部
食物	鹿、瞪羚

幸存感言

人类哟，今天还能瞻仰我们的风采，你们就谢天谢地吧！

今天栖息在非洲的狮子，仅仅局限在撒哈拉沙漠以南。但是过去，在地中海沿岸的非洲北部，也有一种名为“巴巴里狮”的亚种存在。当时由于它们的栖息地靠近人口较多的欧洲，所以自古就被当作狩猎的对象，野生个体因此早已经灭绝。出人意料的是，近几年，在摩洛哥等国动物园展出的狮子当中，人们又发现了巴巴里狮的身影，这才知道它们并未真正灭绝。

短尾信天翁

伴侣一旦死亡，便会好几年不再繁殖

故乡在燃烧

疑似灭绝……

幸存至今

一年只产一枚鸟蛋

♪我可爱的故乡

回到故乡 回到那岛上
从北边的海洋 不远万里回故乡
和我亲爱的他 只为产卵回故乡

回想童年 记忆一幕幕回放

父亲接近人类 死在棍棒下 何处诉苦？
母亲接近人类 羽毛被拔光 填充被褥

但是故乡啊 唯有你才是我故乡
尽管我的心我的心 我的心莫名痛苦
火山喷发 岛屿覆灭
人也好鸟也罢 统统作古
熔岩覆盖万物 从树木到尘土
我的故乡我的岛 再也回不去

啊啊 亲爱的他和我
比翼私奔 飞向前方
义无反顾飞向终点站
站名“灭绝”意义不用多想

本来以为这一生就这样结束了
没想到约莫过了 10 年
岛上恢复了生机
我们也终于能够正常地生儿育女了
所以说 遇上麻烦千万别想不开

疑似灭绝时间	1949 年
重新发现时间	1951 年
物种分类	鸟类
体形大小	全长 90 cm
栖息地	北太平洋
食物	乌贼、鱼

幸存感言

只要时间过去，很多事情就会改变。

短尾信天翁平常在寒冷的海面上持续飞翔，只在繁殖期才飞到温暖的海岛上。也就是说，只要在岛上等着，就能等到它们陆续飞过来，轻而易举将它们一网打尽。更糟糕的是，它们最后的栖息地，日本伊豆群岛中的鸟岛发生火山大爆发，这让人们一度以为它们已于 1949 年灭绝。所幸到了 1951 年，在寒冷海域长大的短尾信天翁的幼鸟飞回到鸟岛，人类从此便开始对它们进行持续性的保护。

活化石全球汇报演出　第5幕

你好♪ 致草原上的你

你好　生活在草原上的长颈鹿先生
我们是同宗　是亲戚　同是长颈鹿科成员
虽然身体的模样　脖颈的长度　居住的场所
今天的你和我　已变得完全不一样

中新世　地球气候变干旱　草原到处扩张
你和我分道扬镳　踏上各自的生命征途
你走出森林　启程奔向草原不回头
我停留在森林观望
任凭岁月流过身旁

从那以后　草原日益扩张　面积越来越大
庆幸非洲中部还有一片森林留下　我因此幸存至今
今天的我　生活在范围有限的森林
人人称我为珍奇野兽

可是啊　我觉得你很奇怪　相当奇怪
你竟然专挑草原上为数不多的高大树木的叶子进食

你好　这封信写给草原上的你
我们彼此都经历过风雨坎坷和曲折
衷心祝愿你　就像你的脖颈一样
永永远远　长长久久　幸福生活每一天

匆匆

獾㹢狓

物种分类	哺乳类
体形大小	肩高 2 m
栖息地	非洲中部
食物	树叶
活化石珍稀度	★★☆

6 繁盛

五花八门话

一个物种能达到繁盛可是了不得的事情。

在适合自己的环境中，

个体数量增加的同时，生命力十分旺盛。

本章的这些生物身上，

也有非常值得我们学习的地方。

成为家畜，繁盛

6 亿 t。这就是他对我的爱的分量……话说得有点绕，还请原谅。可我就是没法简简单单地表达出来。

他是谁？**他就是……人类。我和人类的关系，要追溯到 8500 年以前。**那时候，我还住在草原上，后来他来了，盖起了房子。

起初他给我的印象差到极点。谁叫他袭击我，向我扔梭镖和石头呢！我只有拼命地逃跑，几乎每天都在奔跑中辛苦地度过。可是有一天，他对我说了这样一句话：**“你要不要来我家？”**

从那天起，我就搬去和他共同生活了。他给我提供食物，作为回报，我把牛奶给他，他高兴极了。于是，我的生活从此变得安逸，我的孩子也越来越多。

托他的福，现在，我的孩子遍布全世界，我在全世界拥有的子孙多达 15 亿头。换算成重量，就是 6 亿 t。**就这样，不知不觉间，我们牛就成为了地球上最繁盛的动物。**

牛

进食过程中掌握“反刍（见第45页）”的技能，也是成功的原因之一
在野外生存的祖先——原牛已灭绝
经验之谈
哪怕人类灭绝了，牛也照样能存活下来！

物种分类	哺乳类
体形大小	肩高 1.4 m
栖息地	作为家畜遍布全球
食物	草等

用“体重 × 个体数”这个公式来计算，就能算出一种生物在地球上存在的“量”。我们把这叫作“生物量”。牛的生物量高达 6 亿 t，远远地超过野生动物界生物量最大的南极磷虾（3.8 亿 t）。从表面上看，是人类将牛驯化成家畜，对牛进行利用，但其实也可以说，牛也通过利用人类，成功地使子孙的数量（基因拷贝数）快速有效地得到了增长。这可以说是共赢的结果。

前寒武纪	古生代						中生代			新生代		
	寒武纪	奥陶纪	志留纪	泥盆纪	石炭纪	二叠纪	三叠纪	侏罗纪	白垩纪	古近纪	新近纪	第四纪

好奇心旺盛
繁盛
乌鸦
我也滑——
能够记住并识别人脸
也有些种群懂得
制造并使用工具

超励志鸟中翘楚传 # 8

【对变化充满期待的好奇心 催生绝对性成果】

乌鸦，站在鸟类演化的顶点，大力讴歌城市生活。那么，这位成功的鸟中佼佼者，究竟有哪些地方不同凡响呢？我针对思维模式对它进行了采访。

“其实，想要依靠自身的力量努力做成一件事的想法，根本就是错误的。你必须想着利用现成的东西。”

说完，乌鸦把核桃丢在马路上，等汽车从上面轧过去后，核桃的壳就完美地裂开了，乌鸦接着便伸出喙，把里面的果肉叼了出来，还对着我微微一笑：“你瞧！”

工作能力强的鸟，在玩耍方面同样不含糊。

“我最近热衷于玩公园里的滑滑梯。也有朋友说它对倒挂在电线上乐此不疲。”

乍看之下，这些游戏好像很无聊，完全是浪费时间。但是，从这样的行为当中，也许就能产生出全新的构想与习性。

“首先必须离开森林。抛弃捕猎为生的固有观念，到人类的垃圾中去寻找食物吧！”

经验之谈

不要等着演化，首先改变你的行为！

物种分类	鸟类
体形大小	全长 40 ~ 70 cm
栖息地	全球陆地（南极除外）
食物	昆虫、果实等

世界上存在着 40 种以上的乌鸦。在鸟类当中，它们的脑容量算是特别大的，据说也是最聪明的。而且它们拥有旺盛的好奇心，经常能见到它们表现出一些与生存并不直接相关的“玩耍”行为。这样的能力，大概对于它们进入“城市”这个新环境也很有帮助。它们属于杂食性，无论什么东西都很能吃，这一点也非常适合城市生活。可以说，乌鸦也是通过利用人类来实现繁盛的。

提高性价比，繁盛

我有一个单纯的疑问，我想问的是，个体的强大真的有必要吗？你看，有些动物，不是拼命让身体变大，就是努力跑得更快，那样性价比也太低了，对吧？

我要说的是，即使个体再弱小，只要数量上占据压倒性多数，也能在生存竞争中获胜。怎么说呢，如果想要让个体数增加，那么身体构造最好尽量单纯，这样能够控制生产成本。

我们遵循的就是这条原则。我们的祖先曾经拥有

蚂蚁

翅膀和毒针，但是它们的生长发育过程特别不容易，所以我们就舍弃了。后来，我们的身体也变小了，所以狭小的窝也能供许多同伴一起生活。**正是因为生存的性价比高到了这种程度，我们的个体数才增长到了全球共计 1000 万亿只以上。**

还有，也不是所有成员都有必要生孩子，对吧？由蚁后生产大量的卵，然后大家同心协力培育这些卵，这样效率更高，对吧？**个性？如果在意这种东西，那你在蚂蚁界是没法生存的。**

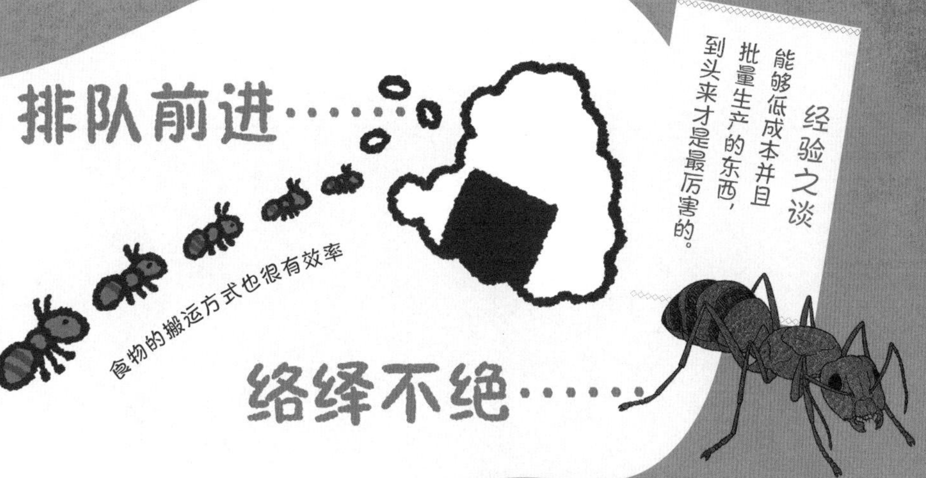

排队前进……
络绎不绝……
食物的搬运方式也很有效率
经验之谈
能够低成本并且批量生产的东西，到头来才是最厉害的。

引领昆虫飞奔向繁盛的最有力的武器是“翅膀”，但蚂蚁却通过舍弃翅膀而获得了更进一步的繁盛。它们所运用的战略，就是降低个体生产成本。由于它们以群体为单位提高繁殖的效率，所以蚁后只管一个劲地产卵，育儿的事情就交给身为工蚁的女儿们。许多种工蚁体形小，没有翅膀和毒针，相应地就能够在成长过程中节约必要的营养，这样，整个类群的个体数就容易得到增长。

物种分类	昆虫类
体形大小	体长 0.1 ~ 3 cm
栖息地	全球陆地（南极除外）
食物	昆虫、花蜜、细菌等

到处翻垃圾，

繁盛

浣熊

能用长长的手指抓取物体

能依靠后腿直立起来

什么嘛，怎么又是苹果核啊！就没有什么鱼啊肉的让我大快朵颐一回吗？

这一带的垃圾场看来也就这样了，到头了，没什么更好的东西了。

如今就算再回森林里去，也没有什么好办法啊……

可不是吗，森林里面有各种“专项型人才”，嘴巴刁得很，都挑食，有的专挑肉，有的专挑树上的果实，有的专挑虫子。咱们可抢不过那些家伙。

说的也是。**咱们不挑食，各种东西都吃得来，是“复合型人才”。**适合咱们的不是高级餐厅，而是快餐店。

就是因为咱们“无论什么都吃得下去”，才能靠着吃人类的剩菜剩饭，留在城市里繁衍后代，生生不息，对吧？

你说的没错。我听说，就因为这样，**人类那些家伙好像就把咱们叫作什么“垃圾熊猫”呢。**

谁叫他们自己吃剩下这么多粮食，咱们明明是做好事，免费帮他们收拾了，这些家伙居然还这么没礼貌，还有脸说咱们！

物种分类	哺乳类
体形大小	体长 50 cm
栖息地	北美洲 ※作为外来生物分布于日本及欧洲等地
食物	肉、果实

浣熊是杂食性动物，它们好奇心旺盛，手指灵巧。这样的特征让它们更适合生活在人类社会周围，而不是自然环境。因此，20 世纪 40 年代后半期，当美国经济急速增长，富裕起来的人类开始随意丢弃大量的剩菜剩饭时，依靠厨余垃圾果腹的浣熊，个体数量随之激增到了原先的 15 至 20 倍。它们因此还得了一个绰号叫“垃圾桶熊猫”，意思是“吃垃圾的小熊猫”。

擅长使用钳子，繁盛

能剪能割！

能挖能刨！

四散逃命的小蝌蚪们

克氏原螯虾

来来来，凑近点，都来瞧一瞧！我就是出生在美国，公元 1927 年从大海那边远道而来的螯虾。

好好看看这对钳子，跟那边河里一抓一大把的那种虾身上的可不一样！**割起水草来咔嚓咔嚓毫不费劲，躲在水草里面的小蝌蚪一捞就是一大把！**水虿（chài）也是一捞一大把！所有这些猎物就这样赤裸裸展现在我面前，没有东西能给它们遮挡，所以我从来不用为食物发愁。

我这对钳子的妙用还不止这些。**在池底挖一个几米深的洞，对我来说也是小菜一碟！**我可以躲在暖和的洞里度过寒冬，也可以在里面生孩子……**就算整个池塘的池水被抽干了，只要躲在洞中，我就能平安地逃过劫难！**

怎么样，客人，要不要也来一钳试试……嗯？什么？你说“不要破坏日本的生态系统”？哦，对不起，我，听不懂日本话。我不是故意的。

经验之谈
多亏有一对用起来特别方便的钳子！

物种分类	甲壳类
体形大小	全长 10 cm
栖息地	美国南部 ※ 作为外来生物分布于日本及欧洲等地
食物	水草、小鱼、水生昆虫

克氏原螯虾对日本来说是外来物种，它们原本是作为食用牛蛙的饲料被引进的，但由于养殖牛蛙的尝试以失败而告终，克氏原螯虾也就没用了，于是被丢进了池塘等地方。出人意料的是，它们通过充分发挥螯钳的妙用，实现了繁盛。它们只要用螯钳割断水草，就能把猎物从藏身的地方赶出来；只要用螯钳挖一个深深的洞穴，哪怕栖息的水田冬天没水了，躲在洞里也能够生存。

大肠杆菌

住进动物的肚子里，繁盛

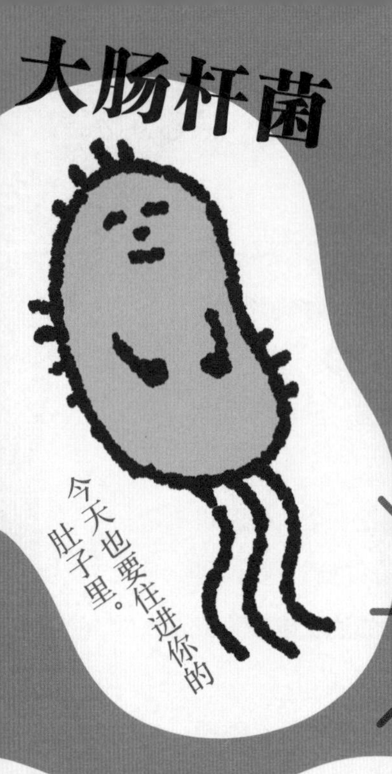

※ 这是大肠杆菌给自己打的广告

你知道吗，在你的体重当中，有 1.5 kg 是肠内细菌的重量。

人类的肠道里面，住着大约 3 万种细菌。这些细菌的总数是 1000 万亿个，总重量高达 1.5 kg。

不过，其中 99%的细菌非常害怕氧气，它们一旦从肚子里出来，就会死亡。

但是，我们大肠杆菌完全没问题，我们不怕氧气。即便没有氧气，只要环境高温潮湿，我们就活力十足，而且还能实现细胞的分裂。一个大肠杆菌，20 分钟就能分裂成 2 个，40 分钟分裂成 4 个，短短 12 小时就能增加到 687 亿 1947 万 6736 个。有点厉害，是不是？

今天，我们也混进人类的粪便中来到了河里，来到了海里，然后再次来到动物们的肚子里。另外，我们还会把家从妈妈的肚子，搬到刚刚出生的小宝宝的肚子里。

我们不受地点的限制，我们跨越时代，我们总是走在前进的道路上。

经验之谈

只要你不对环境挑三拣四，就能活得特别长久。

物种分类	伽马变形菌类
体形大小	全长 2 μm
栖息地	鸟类及哺乳类的肠内
食物	糖类

大肠杆菌是人类研究得最多的细菌，它们基本上属于同一个物种，但其中也分 O111 和 O157 等不同的“株”。它们喜欢高温潮湿的环境，对它们来说，动物肠内是理想的环境，因此它们选择体温比较高的哺乳类和鸟类的肠内栖息。它们的祖先估计是在偶然情况下进入动物体内的，后来逐渐适应了其体内高温潮湿的环境，并伴随着哺乳类和鸟类数量的增长，实现了种群的大繁盛。

前寒武纪	古生代						中生代			新生代		
	寒武纪	奥陶纪	志留纪	泥盆纪	石炭纪	二叠纪	三叠纪	侏罗纪	白垩纪	古近纪	新近纪	第四纪

独占南极海域的营养，繁盛

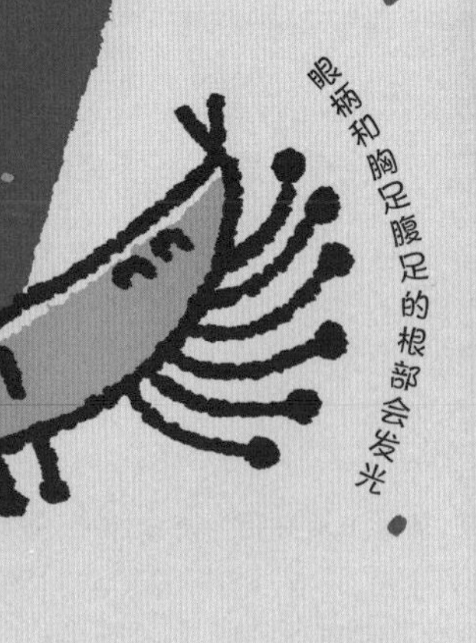

眼柄和胸足腹足的根部会发光

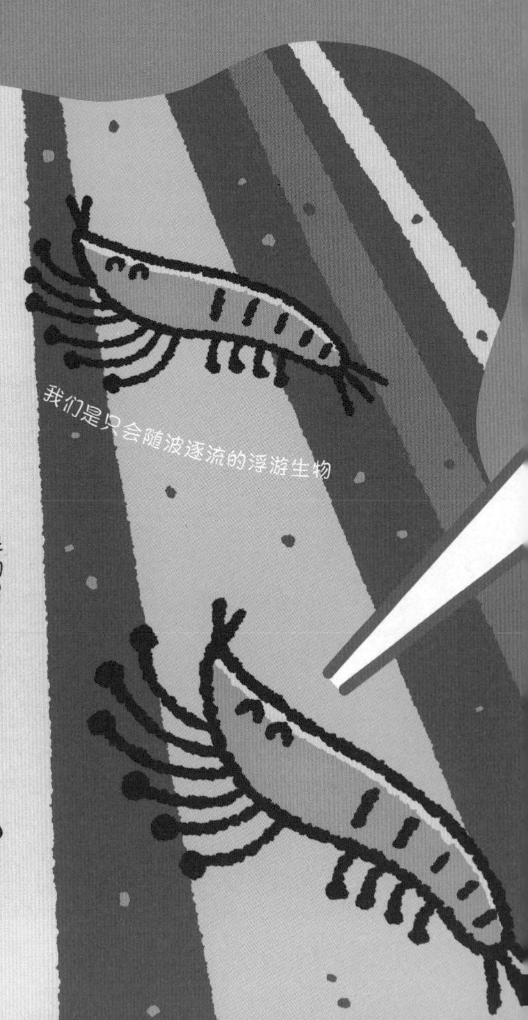

我们是只会随波逐流的浮游生物

南极磷虾

好嘞！今天天气晴朗，空气清新，心情分外舒畅！

浮游植物畅吃管够，我小小的心灵巨欢喜♥

不好意思……我还是头一回来到这里，我想请问，像这样聚在一起就不怕被鱼类一网打尽吗？

嘘——不懂别瞎说。

这一带的海水实在太凉了，水里基本上没有鱼类，所以没什么好怕的。

就是就是。所以就算我们游泳水平差得一塌糊涂，也能放心畅游，所以实在是谢天谢地感激不尽★

原、原来是这样……

你这虾！你急死我了！这么说吧，**南极磷虾现如今在海里已经达到鼎盛。**全体南极磷虾的重量加在一起有 3.8 亿 t，跟全人类的分量一样重！**鱼辈算什么，早已经入不了我们虾的眼啦！**

抱歉抱歉，我女朋友总是说些有的没的，脑回路和别人不太一样。

多么叫人惆怅啊，夏天……

喂！还是痛痛快快饱餐一顿要紧！

那……那边那个是鲸鱼不？

哎呀妈呀——要被鲸鱼吃掉啦！

经验之谈
越是冰冷的海域，营养越丰富，幸运小星星当空照。

物种分类	软甲类
体形大小	体长 6 cm
栖息地	南极海域
食物	浮游植物

实际上，相比温暖的海水，冰冷的海水反而能够更好地溶解氧气，所以营养也更丰富。但是由于环境比较单一，没有多少变化，所以在海水里栖息的生物种类也相对比较少。因此，在生存竞争中胜出的少数物种的个体数往往能够得到极端的增长。南极磷虾就是典型的例子，它们是大型浮游动物，在少有天敌的南极海域的环境中，它们通过滤食微小的浮游植物获得了大大的成功。

人类发现石油，野猪繁盛

野猪妈咪的后山欢乐博客♬

今天带着小不点们上后山去捡橡子！
大人小孩都吃到撑！小不点们欢天喜地，欢蹦乱跳❤

最近总是忍不住感叹，这样平平淡淡的时光才真叫幸福！
过去，我们不敢在外面瞎走，就怕遭遇人类和狼群的袭击⬇⬇
可是自从人类发现石油以来，木炭和木柴就不怎么受欢迎了，
人类就再也不来砍树了！
所以我们能在这山里面悠哉游哉地过日子🌞

大灰狼最近也见不到了。是真的！和平万岁！💩
啊，回家路上发现了地瓜（嘿嘿），又要增肥了😂

评论（3）

1 亚洲黑熊
野猪的繁盛没准是好事一桩，反正我不认为是坏事……
也请大家伙儿考虑一下被人类害得濒临灭绝的动物的感受！

2 日本狼
可不是吗，我就是前车之鉴，我已经被人类害得灭绝了。

3 灰狼
>>2 看来我也不得不多加提防了 ><

经验之谈
只想说，科学能够发展与进步真的是太好了♪

物种分类	哺乳类
体形大小	体长 1.4 m
栖息地	非洲、欧亚大陆 ※作为外来生物分布于北美洲、澳大利亚
食物	果实、根茎

过去，人类会在住所附近栽种杂树林，然后用木柴和木炭生火做饭。但是在进入 19 世纪以后，随着人类开始使用石油及煤炭等化石燃料，杂树林就逐渐被人遗忘了。而野猪由于人类的狩猎活动以及栖息地的缩小，一直到 19 世纪，数量都在持续减少。令人意外的是，由于杂树林被人遗忘，树林里的橡实等果实又特别丰富，在进入 20 世纪后，野猪再次迎来了繁盛期。

卵有毒，繁盛

哎呀！

呼叫本部，呼叫本部……我是阵前指挥，代号“福寿”。即将启用“毒卵战略”，请指示！

这里是本部……明白……卵的状态如何？完毕。

报告，目前已在水面上的水草里成功产卵 200 个。**这批卵色泽鲜艳，十分醒目。**完毕。

明白……敌人动向如何？完毕。

东北偏北方向，敌人小嘴乌鸦正在靠近。啊！敌人发现了我们的卵！……敌人即将同卵接触！完毕。

“福寿福寿”，怎么样，敌人吃了吗？……听到请回答！听到请回答！

报告，我是“福寿”。**敌人在吃了几个卵后，立刻吐了出来！**完毕。

好！战略一举成功！这样一来，敌人估计再也不敢来吃我们的卵了！

是！谅它们也不敢了。我们的卵不但味道苦涩，里面还包裹着满满的神经毒素 PcPV2。**这帮乌鸦，以后只怕是一看到粉红色的卵，立马就要转身逃跑吧！**

STRATEGY
毒卵战略
POISONOUS EGGS
福寿螺
成功
SUCCESS
日本名字叫“竦林檎贝”
经验之谈
谁能想到卵不好吃，
会成为种群繁盛的关键！

物种分类	腹足类
体形大小	壳长 7 cm
栖息地	南美洲 ※作为外来生物分布于亚洲及北美洲等地
食物	草、昆虫尸体

日本于 20 世纪 70 年代引进福寿螺，最初的目的是食用，但养殖试验失败，于是一部分福寿螺被投放到了水田等地方，在那里实现了野生化。它们孵化以后就在水中生活，把卵集中产在不沾水的地方。这些卵有剧毒，所以它们故意让卵显得十分醒目，好像在发出警告：“别吃！危险！”正是由于能够平安度过毫无防备的螺卵时期，福寿螺才能作为外来生物在全世界实现繁盛。

前寒武纪	古生代						中生代			新生代		
	寒武纪	奥陶纪	志留纪	泥盆纪	石炭纪	二叠纪	三叠纪	侏罗纪	白垩纪	古近纪	新近纪	第四纪

钓鱼大流行，繁盛

玩乐无止境　文·黑泽贤治

有两条幼小的黑鲈在蓝色的湖底交谈。

“你看，那边漂浮着一条鱼呢！”

“你看，那条鱼活蹦乱跳的呢！”

“那鱼看起来味道很不错呢！”

其中一条小黑鲈忍不住一口咬住了它面前的这条鱼。说时迟那时快，小黑鲈一下子被拉了上去，拉出了水面。

就在剩下的那条小黑鲈吓得浑身颤抖的时候，它们的爸爸来了。

“爸爸，刚才出现了一条很奇怪的鱼。弟弟咬住了它，就升到上面去了。”

“那东西不是什么活的鱼。是假的，那叫假饵。是那些钓鱼爱好者为了钓我们黑鲈，故意挂在钓钩上的诱饵。”

“弟弟会被他们吃掉吗？”

“放心吧。人类不会吃它，它很快就能回来了。”

“那么，他们为什么钓我们呢？”

“因为他们要比谁钓到的鱼更大。钓到的鲈鱼越大越能受人夸奖，还能拿到奖金。所以，人类才让我们不断增加家庭成员啊。”

黑鲈
只要是能动的，我们什么都吃
经验之谈
人类追求玩乐，顺便关照了我们！

物种分类	硬骨鱼类
体形大小	全长 50 cm
栖息地	北美洲 ※ 作为外来生物分布于日本及欧洲等地
食物	鱼、青蛙、甲壳类

1925 年，有着美国留学经验的日本资本家赤星铁马，希望在日本也能体验到钓鲈鱼的乐趣，于是通过正规手续引进了黑鲈，并往芦湖里投放了 87 条。后来，为了推广钓鲈鱼这项活动，人们相继把黑鲈投放进了各地的池塘和湖泊里。所以直到今天，黑鲈在日本广为分布。所以可以说，黑鲈之所以能在日本实现繁盛，就是推广钓鲈鱼活动的人们不断努力的结果。

后记

这本书，

是《哎呀，竟然就这样灭绝了》系列的第三本书。

这回，书里第一次提到了

“因为各种原因而濒临灭绝的”生物。

和过去的灭绝事件不一样，

这个问题，

是生活在今天的我们必须想办法去解决的。

如果你也想过必须为濒临灭绝的生物做点什么，

那我必须表扬你，因为你的这种想法非常了不起。

不过，就算你不能马上付诸行动，也不要紧，

你只要知道世界上存在濒临灭绝的生物，

而且想着“必须为它们做点什么”，

就很了不起了。

等各位读者小朋友长大以后，

肯定也只是有少数人从事生物研究，或者保护环境的工作，

不过没关系，维持社会运转的，并不仅仅只有这些人。

重要的是，要创造一个普通人在日常生活中

时时刻刻懂得关心其他生物和环境的社会。

读者小朋友，

只要你们永远不忘记“必须为它们做点什么”，

那么我相信，

那样的未来就一定会到来。

丸山贵史

索引

这本书里出场的生物们

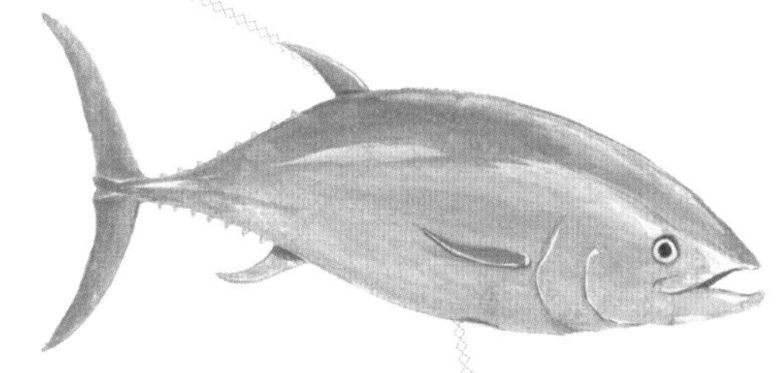

图书在版编目（CIP）数据

哎呀，竟然就这样灭绝了 ：超有趣的灭绝动物图鉴 . 3 ／（日）今泉忠明主编 ；（日）丸山贵史著 ；（日）佐藤真规等绘 ；李建云译 . — 北京 ：北京联合出版公司，2023.5

ISBN 978-7-5596-6753-3

Ⅰ . ①哎… Ⅱ . ①今… ②丸… ③佐… ④李… Ⅲ . ①动物－图集 Ⅳ . ① Q95-64

中国国家版本馆 CIP 数据核字 (2023) 第 041602 号

哎呀，竟然就这样灭绝了 3：超有趣的灭绝动物图鉴

主　　编：[日] 今泉忠明
作　　者：[日] 丸山贵史
绘　　者：[日] 佐藤真规 植竹阳子 日高直人
　　　　　岩崎美津树 伊豆见香苗 茄子味噌炒
译　　者：李建云
出 品 人：赵红仕
选题策划：北京天略图书有限公司
责任编辑：牛炜征
特约编辑：高　英
责任校对：钱凯悦
美术编辑：小虎熊

北京联合出版公司出版
（北京市西城区德胜门外大街 83 号楼 9 层 100088）
北京联合天畅文化传播公司发行
河北尚唐印刷包装有限公司印刷　　新华书店经销
字数 80 千字　880 毫米 ×1230 毫米　1/32　5.5 印张
2023 年 5 月第 1 版　2023 年 5 月第 1 次印刷
ISBN 978-7-5596-6753-3
定价：49.80 元